未来科技

软件与微电子

张海霞　主编

〔美〕保罗·韦斯　〔澳〕切努帕蒂·贾格迪什
白雨虹
副主编

科学出版社
北京

内 容 简 介

本书聚焦信息科学、生命科学、新能源、新材料等为代表的高科技领域，以及物理、化学、数学等基础科学的进展与新兴技术的交叉融合，其中70%的内容来源于IEEE计算机协会相关刊物内容的全文翻译，另外30%的内容由Steer Tech和iCANX Talks上的国际知名科学家的学术报告、报道以及相关活动内容组成。本书将以创新的方式宣传和推广所有可能影响未来的科学技术，打造具有号召力，能够影响未来科研工作者的世界一流的新型科技传播、交流、服务平台，形成“让科学成为时尚，让科学家成为榜样”的社会力量！

图书在版编目（CIP）数据

未来科技：软件与微电子/张海霞主编.—北京：科学出版社，2021.10

ISBN 978-7-03-070456-6

Ⅰ.①未… Ⅱ.①张… Ⅲ.①科学技术－普及读物 Ⅳ.①N49

中国版本图书馆CIP数据核字（2021）第222616号

责任编辑：杨 凯 / 责任制作：付永杰 魏 谨

责任印制：师艳茹 / 封面制作：付永杰

北京东方科龙图文有限公司 制作

http://www.okbook.com.cn

科学出版社 出版

北京东黄城根北街16号

邮政编码：100717

http://www.sciencep.com

北京九天鸿程印刷有限责任公司 印刷

科学出版社发行各地新华书店经销

*

2021年10月第 一 版 开本：787×1092 1/16

2021年10月第一次印刷 印张：7

字数：133 000

定价：52.00元

（如有印装质量问题，我社负责调换）

编委团队

张海霞，北京大学信息科学技术学院，教授，博士生导师

现任全球华人微纳米分子系统学会秘书长，全球华人微米纳米技术合作网络执行主席，IEEE NTC北京分会主席，国际大学生iCAN创新创业大赛发起人，国际iCAN联盟主席，中国高校创新创业联盟教育研究中心学术委员等。2013年IEEE NEMS国际会议主席及其他10余个国际会议的组织者。2006年获得国家技术发明奖二等奖，2013年获得北京市教学成果奖二等奖，2014年获得日内瓦国际发明展金奖。长期致力于创新创业教育和人才培养，2007年发起国际大学生创新创业大赛（即iCAN大赛）并担任主席至今，每年有国内外20多个国家的数百家高校的上万名学生参加，在国内外产生较大影响且多次在中央电视台报道。在北大开设《创新工程实践》等系列创新课程，2016年作为全国第一门创新创业的学分慕课，开创了赛课相结合的iCAN创新教育模式，目前在全国30个省份的300余所高校推广。

保罗·韦斯（Paul S. Weiss），美国加州大学洛杉矶分校，教授

美国艺术与科学院院士，美国科学促进会会士，美国化学会、美国物理学会、IEEE、中国化学会等多个学会荣誉会士。1980年获得麻省理工学院学士学位，1986年获得加州大学伯克利分校化学博士学位，1986~1988年在AT&T Bell实验室从事博士后研究，1988~1989年在IBM Almaden研究中心做访问科学家，1989年、1995年、2001先后在宾夕法尼亚州立大学化学系任助理教授、副教授和教授，2009年加入加州大学洛杉矶分校化学与生物化学系、材料科学与工程系任杰出教授。现任*ACS Nano*主编。

切努帕蒂·贾格迪什（Chennupati Jagadish），澳大利亚国立大学，教授

澳大利亚科学院院士，澳大利亚国立大学杰出教授，澳大利亚科学院副主席，澳大利亚科学院物理学秘书长，曾任IEEE光子学执行主席，澳大利亚材料研究学会主席。1980年获得印度Andhra大学学士学位，1986年获得印度Delhi大学博士学位。1990年加入澳大利亚国立大学，创立半导体光电及纳米科技研究课题组。主要从事纳米线、量子点及量子阱外延生长、光子晶体、超材料、纳米光电器件、激光、高效率纳米半导体太阳能电池、光解水等领域的研究。2015年获得IEEE先锋奖，2016年获得澳大利亚最高荣誉国民奖。在*Nature Photonics*, *Nature Communication*等国际重要学术刊物上发表论文580余篇，获美国发明专利5项，出版专著10本。目前，担任国际学术刊物*Progress in Quantum Electronics*, *Journal Semiconductor Technology and Science*主编，*Applied Physics Reviews*, *Journal of Physics D*及*Beilstein Journal of Nanotechnology*杂志副主编。

白雨虹，中国科学院长春光学精密机械与物理研究所，研究员

现任中国科学院长春光学精密机械与物理研究所Light学术出版中心主任，*Light: Science & Applications*执行主编，*Light: Science & Applications*获2021年中国出版政府奖期刊奖。联合国教科文组织“国际光日”组织委员会委员，美国盖茨基金会中美联合国际合作清洁项目中方主管，中国光学学会光电专业委员会常务委员，中国期刊协会常务理事，中国科技期刊编辑学会常务理事，中国科学院自然科学期刊研究会常务理事。荣获全国新闻出版行业领军人才称号，中国出版政府奖优秀出版人物奖，中国科学院“巾帼建功”先进个人称号。

Computer

IEEE COMPUTER SOCIETY http://computer.org // +1 714 821 8380
COMPUTER http://computer.org/computer // computer@computer.org

Digital Object Identifier 10.1109/MC.2021.3055707

目录

未来科技探索

iCANX 人物

未来科学家

重塑未来远景：软件定义制造业

文 | Lei Xu　得克萨斯大学里奥格兰德河谷分校
Lin Chen　得州理工大学
Zhimin Gao　蒙哥马利奥本大学
Hiram Moya　得克萨斯大学里奥格兰德河谷分校
Weidong Shi　休斯敦大学
译 | 闫昊

我们描述了软件定义制造的概念，它将制造生态系统分为软件定义层和物理制造层。软件定义制造允许更好的资源共享和协作，它有改变现有制造业的潜力。

人们一致认为，强大的制造业对于保持一个国家的整体竞争力至关重要。主要国家正在大举投资，以实现制造业现代化，并在竞争中获得优势。Stock和Seliger早在2011年就提出了工业 4.0 的概念[1]，该概念得到广泛研究，这是第一个关于下一代制造业发展的国家战略。“创新25”是日本的一揽子计划，旨在通过创新和开放态度为国家经济赋能，其中提高日本在制造业的竞争力是该计划的重要组成部分。

虽然名称不同，但为了提高制造业的整体竞争力，增加技术投资的理念是一致的。这些战略的一个重要投资方向是发展新的信息通信技术(information and communications technology,ICT)，加快工业物联网、人工智能(artificial intelligence,AI)、虚拟现实/增强现实等与传统制造业基础设施的融合。这些努力大部分旨在将实体制造基础设施与ICT更紧密地连接起来，并建立封闭和专有的制造基础设施。

值得期望的是，集成极大地提高了制造效率，同时降低了劳动强度或利用率。这样人们就可以从重复性的任务中解脱出来，更多的时间可以用于创造性的活动上。基于工厂数字化的发展，提出了敏捷制造的概念[2]，该概念的重点是使组织能够快速响应客户需求和市场变化。

最初，ICT和制造基础设施的集成集中在每个单独的工厂，资源共享不是考虑的因素。但这至少会带来两个限制：

（1）投资在每个工厂的信息系统没有得到充分利用。信息系统的能力（如计算和通信）被设计用来处理工厂的高峰需求，而在其他时候，资源被浪费了。

（2）每个工厂都是一个筒仓。虽然一个工厂配备了先进的信息系统和高度自动化的精确操作能力，但它并没有完全支持与其他工厂的协作，特别是对于属于其他实体的工厂。由于协作在现代制造中发挥着越来越重要的作用，这反过来又制约了每个工厂的潜力。这种孤立也带来了其他问题。例如，现代制造业通常涉及全球供应链。也就是说，如果链条上没有最先进的配置，那么就会限制整个过程。随着工厂变得越来越先进，新来者要跃上竞争舞台就变得越来越困难，这进一步可能会导致垄断，而垄断反过来又限制了创新。

云计算的发展揭示了如何减轻这些限制，并提出了云制造的概念[3]。在云制造的范例中，大多数计算和存储作业不需要为每个工厂单独维护专用的计算基础设施，而是转移到云计算基础设施，由不同实体拥有的多个工厂共享。从信息处理的角度来看，云制造享受了云计算的所有好处——例如高灵活性、可用性、可扩展性和按需付费的服务方式，并且它部分地解决了信息处理资源浪费的问题。

随着5G移动网络部署的增加，不同工厂之间的资源共享进一步改善。5G基础设施使各种虚拟技术能够支持网络切片，这使得网络运营商可以针对特定应用场景构建具有不同特性的虚拟专网。它还为与工厂集成的专用和专有通信系统提供了一个很好的替换选择。

除了利用云计算和5G提升资源共享水平，众包在制造业也变得更加流行[4]。为了加速新产品的开发，并在现有范围内引入创新的改进，制造业迫切需要利用和共享组织和员工的知识。众包提供了一种协作的创意产生和解决问题的机制。它允许人们从更广泛的社区获得显性知识，并以一种不正式的方式提取以前未知的隐性知识[5]。

从这些技术和方法的采用可以看出，未来制造业的趋势至少包括两个基本组成部分：资源共享和协作。资源共享减少了与制造基础设施集成的信息系统的空闲时间，并提供了更高级别的灵活性和弹性。与此同时，协作加速了制造业的创新和研发。

沿着这个方向，制造业的格局将继续转变，进一步加强资源共享和协作。一个很有前途的方法是软件定义制造。软件定义制造从ICT的关键技术中吸取经验教训，如软件定义网络[6]和软件定义基础设施[7]。总体思路是将某些制造业的基础设施转化为一个统一的、共享的平台。该领域的从业者可以在平台上自由安排他们的工作，这样他们就可以在所有类型的任务上轻松协作，充分释放平台的潜力。

软件定义制造概述

软件定义制造通过扩展云制造、5G等现有理念，打破了不同工厂之间的界限，并将对未来制造至关重要的资源共享和协作提升到一个新的水平。

软件定义制造的架构

图1显示了当前利用信息技术实现制造现代化的实践与未来软件定义的制造基础设施之间的主要差异。如图1(a)所示，当前的研发工作，例如工业4.0[1,8]，重点是单个制造工厂的现代化和数字化，通过引入机器人和人工智能组件等自动化工具来降低工作强度，提高生产效率，并通过更好的预测消除潜在故障。在这个框架下，每个工厂的潜力都可以被最大化，整个行业的生产力垂直上升。

在图1(b)中，软件定义的制造框架不是将制造业垂直拆分为孤岛，而是打破了界限，使其成为一个开放、可共享的生态系统。具体来说，软件定义制造将行业生态系统横向划分为物理制造层（physical manufacturing layer，PML）和软件定义层（software definition layer，SDL），所有从业者都可以访问和共享。

（1）PML。该框架要求PML支持通用生产并尽可能灵活。PML由一组站点组成，每个站点都有一组可以由软件控制的设备。在这里，设备可以是3D打印机或其他能够制作各种不同物品的仪器。PML由多个从业人员共享。

虽然单个站点支持所有生产活动是一个挑战，但为特定部门建立这样的站点以满足大多数生产需求是可行的。汽车行业也采取了类似的策略，通过引入汽车平台来提高共享部件的比例[9]。长期以来，该行业一直在追求柔性制造，其目标是处理混合零件的能力，允许零件装配的变化，并支持生产量和设计变更。这些功能中的大多数都与PML的目标一致。

领先的设备制造商，如ABB和Leidos，已经开发了各种支持柔性制造的技术，可以用于PML的建设。在软件定义制造的早期阶段，PML还可以包括多种类型的站点来支持多个部门，然而，这些网站的共享性质并没有改变。

（2）SDL。SDL负责实际制造之外的一切，包括设计、开发、模拟和制造过程的整个信息基础结构的控制（如从PML站点和设备发送指令和接收反馈）。SDL可以进一步分解为两个子层：计算层和通信层。计算层为从业人员管理各种有价值的数字资产，如设

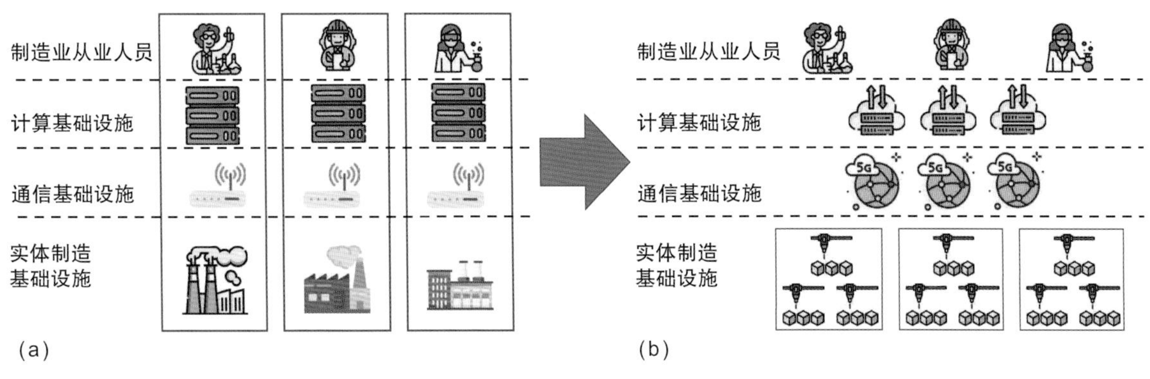

图1　从当前(a)到未来的(b)软件定义制造基础设施。在软件定义制造的框架下，所有从业者共享信息处理资源和物理制造资源，不仅提高了资源的利用率，而且使协作更加顺畅和容易

计和技术流程，它们决定了从业人员生产产品的能力和效率水平。通信层是连接网络和世界的桥梁，它支持计算和物理制造基础设施之间的可靠连接。通信层也可通过计算层进行配置和可控，也就是说，从业者可以决定制造任务所需的连接特性，如带宽和延迟。

与PML类似，SDL基础设施由多个从业者共享。不同之处在于SDL是跨不同行业共享的。同时，从业者可以使用 SDL 存储和管理私人资产，以供自己使用、与他人进行交易或与其他从业人员合作。

软件定义制造的组件和使用

在软件定义制造的基础架构中有三种类型的组件：

（1）计算节点：SDL的计算层由大量的计算节点组成，主要负责计算和存储任务。计算节点的组织方式有很多种，一个简单的方法就是让一个中心化的一方来提供和管理所有的计算节点，就像目前云计算的做法一样。

（2）通信通道：通信通道也是SDL的一部分，负责为系统中其他节点之间提供可靠的连接。随着5G基础设施的部署，计算节点和通信通道可以融合并由单个运营商管理。

（3）制造节点：这些节点组成了PML。制造节点是高度自治的，任何人都可以拥有它。连接到框架后，日常操作完全由SDL控制。

从业者 p 与软件定义的制造交互如下：

（1）p登录到托管在云中的管理门户，这是软件定义制造框架的一部分。通过管理门户，p可以看到供需信息、自己的所有数字资产、制造节点的当前状态，以及自己订阅的其他服务（如调度工具）。

（2）p通过软件定义的制造框架完成生产计划，并将指令提交给制造节点。

（3）制造节点根据收到的指令（如工艺流程和数量）进行生产。

财务结算协议与此过程集成在一起，支付选项可以是制造节点状态的一部分。

图2以从业者的角度显示了软件定义的制造体系结构的具体示例。SDL使用云边缘计算基础设施构建和实现，其中包括数量有限、具有大量计算和存储资源的云计算数据中心和大量物理分布的边缘计算数据中心。

云(图2中的集成式计算基础设施)负责与从业者以及大多数与研发工作相关的计算和存储密集型制造活动进行交互。由于物理制造设施(制造节点)在地理上是分布式的，因此利用多个边缘数据中心(图2中的分布式计算基础设施)来控制靠近它们的制造节点的操作。通信基础设施被集成为云边缘计算系统的一部分。

从业者利用云数据中心完成新产品的研发工作。云还能够维护对调度至关重要的所有制造节点的当前状态，包括位置、生产能力、计划工作负载和运输信息。当系统中存在多种类型的制造节点时，还提供节点类型信息。从业者利用这些信息来安排实际的生产工作。如果该产品是另一个产品的子组件，那么从业者在决定自己的计划时也会考虑合作者的日程安排。

计划完成后，指令被分发到边缘数据中心，边缘数据中心将与制造节点协调以启动生产过程。即使对于单一的从业者来说，制造过程也可能涉及多个步骤。在这种情况下，可以使用多个制造节点。如果一个制造节点的最终产品是另一个制造节点的原始产品，那么运输将作为计划的一部分。

在软件定义的制造框架下，SDL和PML不属于任何特定的实体。两者实际上都提供给所有的从业者，

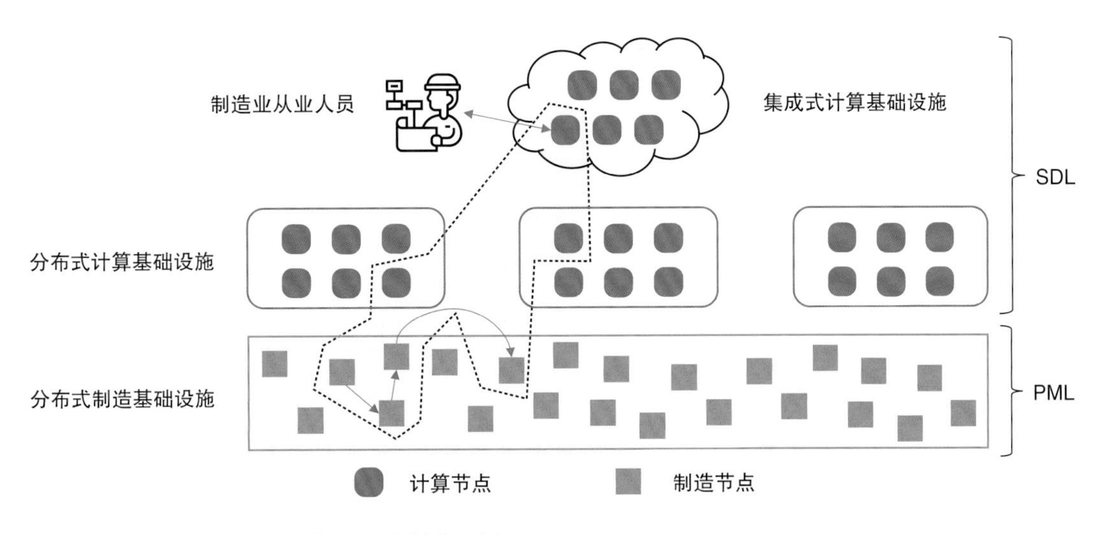

图2　从从业者的角度看的软件定义制造用例

并且资源分配过程对他们是透明的。换句话说，每个从业者相信他或她是唯一使用系统的人，不需要知道系统中的其他从业者。在图2中，被虚线区域覆盖的资源被分配给了从业者，并且，从从业者的角度来看，所有这些都是专用的。然而，在现实中，这些资源也可以被其他从业者利用。

软件定义制造的影响

通过水平而非垂直地划分制造生态系统，软件定义的制造框架有潜力改变制造业的商业模式，因为它打破了孤岛模式并实现了自由和充分竞争的市场。在本节中，我们总结了软件定义制造变得更加成熟并在实践中被广泛采用时的潜在影响。

加速创新

创新在现代制造业中发挥着越来越重要的作用。在当前的制造生态系统中，加入制造业务的门槛越来越高，特别是对于需要精密和昂贵设备的先进制造业。如果不能使用这些设施，从业者就什么都做不了，例如，进行实验来验证一个新的设计，或者为了收集市场反馈而构建少量的产品。老牌的大企业将试图进一步加强壁垒，以维持它们的垄断地位。因此，它阻碍了广泛参与，间接阻碍了创新。

采用软件定义制造可以完全改变游戏规则，并有助于实现社会制造中给出的概念[10,11]。在新的框架下，整个基础设施(包括SDL和PML)不属于任何特定的从业者，公众也可以访问。类似于云计算的场景，除了拥有之外，还可以通过租用来利用资源，并以现收现付的方式收取费用。因此，人们可以很容易地以相对较低的成本测试新想法，并在概念得到验证时更容易增加生产规模。

综上所述，新框架降低了市场准入门槛，使新从业者与现有竞争对手站在了同一起点。除了消除制造业创新的最关键障碍之一，它还鼓励现有从业者加大研发投入，因为这种情况下老牌企业的传统优势被大大消除。

提高供应链的弹性和灵活性

现代制造业通常涉及复杂而漫长的供应链，大多数从业者只专注于自己的业务，而这只占整个系统的小部分。在目前的框架下，这种细粒度的工作分工已被证明可以成功地最大限度地提高生产效率。

然而，与此同时，复杂的供应链也给生态系统带来了更多不确定性。系统中单个环节出现故障，其影响可能会级联到同一供应链上的其他从业者并扰乱正常运营。最近的COVID-19大流行表明了如此复杂的供应链的脆弱性。由于一些主要经济体被封锁，原有的供应链被打乱，短时间内在另一个地方重建一个类似的供应链是困难的，甚至是不可能的。

借助软件定义的制造框架，SDL可以轻松地将与信息处理相关的工作从故障/断开连接的计算节点重新安排到其他节点，而不会中断服务。PML由大量统一的制造节点组成，这些节点可以灵活地生产不同的东西。尽管这些可能有不同的输出，但它们在很大程度上是可以相互替换的。即使一个产出较高的节点出现故障，也可以用多个产出相对较低的生产节点来代替其生产角色，这对于供应链的影响比较有限。

PML中生产节点的可替代性使从业者能够更灵活地安排物理生产任务。在软件定义制造的早期阶段，可以有几组功能不同的生产节点。这增加了另一个约束，但不会影响新框架的结构。

在实践中，这个过程甚至可以通过SDL中托管的重新调度服务完全自动化运行。从业者可以预先提供某些约束，SDL监视整个系统的当前状态。当当前生产活动中涉及的一些资源变得不可用时，该服务会运行算法，根据约束和可用性信息确定可能的重新调度选项。从业者可以从选项中选择一个，或者允许重新安排服务自动执行。

促进和加强合作

由于细粒度的工作分工，制造业部门可以从协作中受益匪浅。然而，在现有范式下的协作是相当复杂的，因为每个工厂/实体都是一个封闭的系统，通常只有有限且固定的合作伙伴。要初始化一个新的协作关系，感兴趣的从业者需要在彼此之间创建一对专用的接口，这通常涉及一个冗长的管理过程，并且不能与他人一起重用。

软件定义制造从以下两个方面简化了协作过程：

（1）专注于SDL中的协作：由于PML中的制造节点是通用的，并且完全由SDL中的计算节点控制，两个想要协作的从业者只需要在网络世界中工作，就交换数字资产的协议达成共识（如设计、专利和图纸），并为另一方提供足够的权限以访问其在SDL中的资源。

（2）开放标准：软件定义制造的主要组件之间的接口将被标准化，因此为一个协作完成的工作可以轻松地重用于其他协作。

通过利用这两个功能，可以将协作市场构建为SDL的一部分，从业者可以在其中发布所有类型的需求以寻找潜在的合作者。其他有问题解决方案的从业者可以在平台上竞标或谈判成为合作者。这个协作市场类似于促进协作的众包平台，但它专注于制造业，并与软件定义的制造框架紧密集成。

提高整体效率

理想情况下，工厂应该最大限度地利用其资源，同时满足所有需求。在目前的框架下，这是很难实现的，因为工厂的产能是固定的，但需求是不断变化的。当产能和需求不匹配时，单个工厂不可能同时实现这两个目标。即使单个工厂的产能与需求匹配，实际产量也受到上下游工厂的影响，这些工厂依靠市场机制间接决定其产量。因此，很有可能出现供需不匹配，造成资源利用不足和浪费。

造成这一问题的原因有两个：缺乏资源和信息共享。软件定义制造系统地解决了这个问题。PML中的制造节点是通用的，由所有从业者共享。只要从业者有不同的峰值需求时间，SDL就可以轻松地进行负载平衡，以最大化生产节点的利用率，这类似于云计算的场景，其中物理服务器由具有不同峰值需求时间的多个租户共享。

SDL还允许不同的从业者轻松地交换需求或供应信息，并且只有当来自他人的需求已确定时，他们才能安排生产任务。因此，需求和供应将更好地匹配，并降低库存成本。

降低成本

不同行业的制造成本差别很大，我们仅以定性的方式分析主要因素，以显示软件定义制造降低成本的潜力。

以传统方式开展业务的成本的主要因素包括：

（1）基础设施建设(B)。

（2）生产(P)，包括材料和人工成本。

（3）供应链(S)。

其中，P和S与输出O成正比，而B与O相对独立。因此，每单位的成本为$P/O+S/O+B/O$。在新的框架下，从业者不需要为自己的基础设施投资，而是在需要时付费租用必要的资源来创建制造系统，记为R。从业者仍然需要支付生产成本(P')和供应链成本(S')。然而，在这种情况下，R也与O成正比。换句话说，在软件定义的制造框架下，R/O大致是一个常数。对于相同的输出O，每单位的成本为$P'/O+S'/O+R/O$。

两种情况下的生产成本是相似的(即$P=P'$)，而软件定义制造的供应链成本可能更便宜，因为从业者在供应链的优化中有更多的灵活性(即$S>S'$)。B和T之间的关系更加复杂。当基础设施被充分利用时(O被最大化)，$B/O<R/O$。然而，当O较小时，我们有$B/O>R/O$。总而言之，当O没有达到制造基础设施的全部能力时，$P/O+S/O+B/O>P'/O+S'/O+R/O$。从基础设施所有者的角度来看，尽管他/她只能收取与产出成比例的租金，但设施可以租给多个从业者。

技术挑战

虽然其有可能彻底改变制造业，并带来许多的优势，但仍有一些技术挑战需要解决。

构建灵活通用的制造节点

软件定义制造最重要的关键因素之一是需要一个灵活和通用的制造节点，也就是说，这个节点可以生产广泛的产品，并且很容易从一种产品切换到另一种产品。如果没有大量这样的节点，SDL就无法有足够的自由来安排生产任务，从而实现创新加速和更好的系统效率等效益。

实现这种灵活且通用的制造节点的一个有发展前景的方向是利用3D打印和增材制造技术[12,13]。目前，这些技术可以使用不同的材料来制造许多不同的产品，从机械部件到医疗工具和设备。这种生产技术可以很容易地与SDL集成，因为它们完全由软件控制。大多数现有的3D打印技术都没有足够的可扩展性，而且对于大规模生产来说太贵了。克服这一挑战需要材料和3D打印技术本身的进步。目前沿着这些方向已经做了一些工作[14,15]。

即使此时通用制造节点还不成熟，软件定义制造仍然有其价值：

（1）新的框架可以应用到更具体的行业，因此更容易构建统一的制造节点。

（2）该框架可以支持多种类型的制造节点，而不是使用单一类型的制造节点。这些策略可以帮助早期采用软件定义的制造。

激励机制设计

为了最大限度地利用资源，所有从业者都共享SDL和PML基础设施。一个自然的问题是：谁来建造和维护这些基础设施？构建和运行SDL相对简单，因为它与我们今天拥有的云计算、边缘计算基础设施非常相似，并且主要供应商（如亚马逊、微软和谷歌）已经建立了成熟的商业模式。鼓励在PML中构建制造节点的激励机制尚未明晰。为了实现软件定义制造的一些好处，如高供应链弹性，最好在全球范围内部署制造节点，这样当部分PML出现故障并与系统断开连接时，从业者有更多选择。

然而，如果没有精心设计的激励机制，投资者可能会倾向于将制造节点划分为多个集群，以降低零部件的移动成本，吸引更多的从业者将工作安排到属于少数集群的制造节点。这将形成正反馈，导致制造节点进一步集中，这从整个系统的弹性角度来看是不可取的。

为了避免这种情况发生，软件定义制造框架需要一个补偿系统来鼓励在不太有利的位置部署制造节点，例如，系统可以从部署在热门地点的制造节点中收取一定比例的收入，以平衡利润率。

系统安全

软件定义制造为组织制造提供了一种颠覆性的方式，最大限度地提高了资源共享水平，提高了灵活性和效率。为了充分发挥这种组织制造过程的新方法的潜力，需要解决几个安全挑战。

（1）多所有者/-用户基础结构中的隔离。为了提高效率和灵活性，SDL和PML的所有组件由多个实践者共享。然而，资源共享也给框架内管理和处理的信息带来了新的挑战。如果没有正确实现隔离机制，操作人员可能会将有价值的数字资产泄露给攻击者。

PML内的隔离相对容易实现，因为一个制造节点一次只执行一个任务。在SDL中实现隔离机制要复杂得多。可以利用虚拟机隔离方面的现有技术来缓解这一挑战。然而，这些方法通常依赖于SDL基础设施是可信的假设。当它由多方拥有和管理时，情况就更加复杂，很难做出这样的假设。

（2）制造节点的可信度。制造节点接受来自SDL的指令来完成生产过程。指令通常包括有价值的知识产权细节，泄露将导致严重的后果。另一个挑战是PML需要保证以预期的方式使用收到的指令。例如，一个制造节点不能“重播”接收到的指令来制造额外的产品。

解决这两个挑战的一种方法是确保PML中的每个制造节点都是可信的，也就是说，它将始终遵循与SDL中的计算节点的协议，并保证信息安全。为了实现这一目标，可信计算硬件可以与每个制造节点集成，为节点的控制提供可信执行环境（trusted execution environment，TEE）[17]。虽然这可能无法保证此类节点可以完全信任，但可以大大减少攻击面。

（3）去中心化环境中的协调。由于SDL由多方拥有和维护，因此服务不同从业者的两个计算节点可能会向同一个制造节点发送相互冲突的指令。在这种情况下，软件定义制造框架需要提供解决机制。新兴的去中心化账本（decentralized ledger，DL）技术为解决这个问题提供了一个有希望的方向。DL是由多个对等节点维护的数据结构，这些对等节点运行共识协议以确定是否应接受指令，如区块链技术。

（4）集成DL和TEE以实现软件定义的制造保护。DL和TEE的集成有可能解决软件定义制造中的大多数安全问题。图3提供了集成安全保护机制的概览：

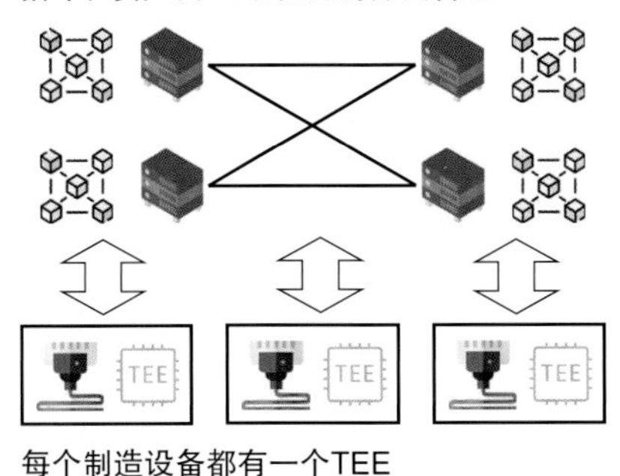

图3　软件定义制造基础设施的安全保护

● 数字资产保护：数字资产所有权信息由DL以与加密货币相同的方式管理，内容可以以加密格式存储在云中，只有在制造节点的TEE中才会解密。

● 指令执行：与制造节点集成的TEE仅通过DL接受指令，执行结果被发送回DL进行记录。

调度优化

人们对现代供应链进行了大量的研究，并开发了许多技术来优化其运作。软件定义的制造框架力求在用户的灵活性和整体系统性能之间取得平衡。这种新框架下的优化与现有的问题有很大的不同。

具体来说，软件定义的制造创建了一个动态的环境，在这个环境中，从业者能够通过SDL与整个制造过程进行交互，从而带来大量的不确定性。例如，从业者可以在制造过程的中间通过SDL取消对PML中的一个生产节点（或一组生产节点）的生产请求。这可能是由于从业者所面临的意想不到的情况，或者从业者一开始就怀有恶意。

这种“再优化兼容”问题在运筹学研究中是一个具有挑战性的课题，因为经典算法设计中的大多数常见技术都将失败。然而，研究人员在整数线性规划的迭代增强方法方面取得了一些进展，这是解决各种优化问题的基本数学工具，可用于部分解决这一特定的调度优化挑战。

兼容性

大多数先进的制造设备使用专有协议，彼此之间不互通。在软件定义的制造框架下，不同厂商提供的通用制造节点之间可能存在不兼容的问题。为了缓解这一挑战，可以在边缘计算中心部署网关，作为从业者和不同制造节点之间的代理。从业者可以通过统一的界面与框架进行交互，而不需要担心其背后的具体设备。

制造业对于一个国家/地区的繁荣发展的重要性再怎么高估也不为过。软件定义的制造框架基于并进一步扩展了现有的研发趋势，例如工业4.0和云制造。

这一新颖的框架将改变当前的制造商业模式，并为未来的制造铺平道路。它将带来许多当今制造基础设施无法想象的好处，例如创新加速、更高的效率和高弹性。虽然全面实现框架还存在一些暂时的挑战，但大部分相关方向已经取得了扎实的进展，配套技术也日趋成熟。C

参考文献

[1] T. Stock and G. Seliger, “Opportunities of sustainable manufacturing in industry 4.0,” *Proc. CIRP*, vol. 40, pp. 536–541, Dec. 2016. doi: 10.1016/j. procir.2016.01.129.

[2] A. M. Houyou, H.-P. Huth, C. Kloukinas, H. Trsek, and D. Rotondi, “Agile manufacturing: General challenges and an IoT@ work perspective,” in *Proc. 2012 IEEE 17th Conf. Emerging Technol. Factory Automation (ETFA)*, pp. 1–7. doi: 10.1109/ ETFA.2012.6489653.

[3] X. Xu, “From cloud computing to cloud manufacturing,” *Robot. Comput.-Integr. Manuf.*, vol. 28, no. 1, pp. 75–86, 2012. doi: 10.1016/j.rcim.2011.07.002.

[4] S. Sarker, M. A. Razzaque, M. M. Hassan, A. Almogren, G. Fortino, and M. Zhou, “Optimal selection of crowdsourcing workers balancing their utilities and platform profit,” *IEEE*

关于作者

Lei Xu 美国得克萨斯大学里奥格兰德河谷分校计算机科学系助理教授。研究兴趣包括应用密码学、云安全和移动安全以及去中心化系统。获得中国科学院博士学位。联系方式：xuleimath@gmail.com。

Lin Chen 美国得州理工大学计算机科学系助理教授。获得浙江大学博士学位。联系方式：chenlin198662@gmail.com。

Zhimin Gao 美国蒙哥马利奥本大学计算机科学系助理教授。研究兴趣包括区块链、云计算、网络安全、物联网和5G。获得美国休斯敦大学博士学位。联系方式：mtion@msn.com。

Hiram Moya 美国得克萨斯大学里奥格兰德河谷分校制造与工业工程系副教授。主要研究方向为排队理论、优化和供应链管理。获得得州农工大学博士学位。联系方式：hiram.moya@utrgv.edu。

Weidong Shi 美国休斯敦大学计算机科学系副教授。研究兴趣包括计算机架构、网络安全和计算机系统。获得佐治亚理工学院计算机科学博士学位。联系方式：wshi3@ central.uh.edu。

Internet Things J., vol. 6, no. 5,pp. 8602–8614, 2019. doi: 10.1109/ JIOT.2019.2921234.

[5] R. D. Evans, J. X. Gao, S. Mahdikhah, M. Messaadia, and D. Baudry, "A review of crowdsourcing literature related to the manufacturing industry," *J. Adv. Manage. Sci.*, vol. 4, no. 3, pp. 224–321, 2015. doi: 10.12720/ joams.4.3.224-231.

[6] F. Hu, Q. Hao, and K. Bao, "A survey on software-defined network and openflow: From concept to implementation," *IEEE Commun. Surveys Tuts.*, vol. 16, no. 4, pp. 2181–2206, 2014. doi: 10.1109/ COMST.2014.2326417.

[7] J Lin, R Ravichandiran, H Bannazadeh, and A Leon-Garcia, "Monitoring and measurement in software-defined infrastructure," in *Proc. 2015 IFIP/IEEE Int. Symp. Integr. Netw. Manage. (IM)*, pp. 742–745. doi: 10.1109/ INM.2015.7140365.

[8] A. White, A. Karimoddini, and M. Karimadini, "Resilient fault diagnosis under imperfect observations–a need for industry 4.0 era," *IEEE/CAA J. Automatica Sinica*, vol. 7, no. 5, pp. 1279–1288, 2020. doi: 10.1109/ JAS.2020.1003333.

[9] A. Camuffo, "Rolling out a world car: Globalization, outsourcing and modularity in the auto industry," *Korean J. Political Econ.*, vol. 2, no. 1, pp. 183–224, 2004.

[10] F.-Y. Wang, X. Shang, R. Qin, G. Xiong, and T. R. Nyberg, "Social manufacturing: A paradigm shift for smart prosumers in the era of societies 5.0," *IEEE Trans. Computat. Social Syst.*, vol. 6, no. 5, pp. 822–829, 2019. doi: 10.1109/ TCSS.2019.2940155.

[11] G. Xiong et al., "From mind to products: Towards social manufacturing and service," *IEEE/CAA J. Automatica Sinica*, vol. 5, no. 1, pp. 47–57, 2017. doi: 10.1109/ JAS.2017.7510742.

[12] T. D. Ngo, A. Kashani, G. Imbalzano, K. T. Nguyen, and D. Hui, "Additive manufacturing (3d printing): A review of materials, methods, applications and challenges," *Composites B, Eng.*, vol. 143, pp. 172–196, June 2018. doi: 10.1016/j.compositesb.2018.02.012.

[13] I. Gibson, D. W. Rosen, B. Stucker, *Additive Manufacturing Technologies*, vol. 17. New York: SpringerVerlag, 2014.

[14] N. D. Sanandiya, Y. Vijay, M. Dimopoulou, S. Dritsas, and J. G. Fernandez, "Large-scale additive manufacturing with bioinspired cellulosic materials," *Sci. Rep.*, vol. 8, no. 1, pp. 1–8, 2018. doi: 10.1038/ s41598-018-26985-2.

[15] J. Shah, B. Snider, T. Clarke, S.Kozutsky, M. Lacki, and A. Hosseini, "Large-scale 3d printers for additive manufacturing: Design considerations and challenges," *Int. J. Adv. Manuf. Technol.*, vol. 104, nos. 9–12, pp. 3679–3693, 2019. doi: 10.1007/ s00170-019-04074-6.

[16] A. Wailly, M. Lacoste, and H. Debar, "Towards multi-layer autonomic isolation of cloud computing and networking resources," in *Proc. 2011 Conf. Netw. Information Syst. Security*, pp. 1–9. doi: 10.1109/ SAR-SSI.2011.5931358.

[17] T. A. Drozdovskyi and O. S. Moliavko, "mTower: Trusted execution environment for MCU-based devices," *J. Open Source Softw.*, vol. 4, no. 40, p. 1494, 2019. doi: 10.21105/ joss.01494.

[18] R. Hemmecke, S. Onn, and L. Romanchuk, "n-fold integer programming in cubic time," *Math. Program.*, vol. 137, nos. 1–2, pp. 325–341, 2013. doi: 10.1007/s10107-011-0490-y.

（本文内容来自 Computer, Jul. 2021） **Computer**

智慧城市的人类 - 机器协作模型

文 | Jaime Meza，Leticia Vaca-Cárdenas，Mónica Elva Vaca-Cárdenas　马纳比技术大学
Luis Terán，Edy Portmann　弗里堡大学
译 | 闫昊

智慧城市正在世界各地兴起。作为回应，政府机构努力实施促进公民福利的技术。我们探索了包容性和参与性城市规划过程的进步，并提出了一个概念模型，以帮助公民和政府在参与决策的过程中发挥作用。

城市的城市化一直被视为发展的根本动力，然而，它必须包括一个全局的方法，通过理解城市的社会、经济和环境维度之间的相互关系，以及与密集化相关的挑战和机遇，以确保可持续的过程[1]。因此，这带来了决策者和城市规划者的责任有关的问题，因为它涉及社区动员。研究人员必须阐明所有层次的人类聚集区，如小型农村社区、城镇、中小城市和大都市。目前，在城市发展中，大量贫民窟和财富分配不平等，以及服务不足的现象更为明显。在不同的城市和区域系统中，最适合解决这些问题和其他问题的城市模式存在着很大的争论[2]。

可持续发展已成为城市规划的基础。这一进程是一项联合行动，必须涉及所有行为体，如公民、民间社会组织、公共和私营部门、多边组织和学术界。此外，这个规划过程应该是迭代并实时发生的。

Foth等人强调了治理、服务、商业和发展等新框架的创新潜力，这是全球追求创建智慧城市的关键方法[3]。Schuler引入了公民智能的概念，作为集体智能(collective intelligence，CI)的一种表现形式，它可以满足于在社区和技术交叉领域工作的研究人员和实践者的需求[4]。

本文探讨了CI、地理信息系统(geographic information system，GIS)和认知系统(cognitive system，CS)作为支持地方政府(市政当局)决策的一种方式的影响，用以应对联合国在新城市议程(https://habitat3.org/the-new-urban -agenda)中宣布的挑战。此外，它概念化了CI、GIS和CS在城市规划过程中，每个参与者的决策程序造成的影响。本文采用探索性和迭代研究，允许收集来自不同参与者的标准，用以实时构建和测试集体工作软件原型。为此，社交型智慧城市被认为能够使社会转变为一个更具有参与性的领域，在该领域中，参与式创新朝着认知城市的发展方向发展[3]。

另一方面，欧盟委员会已将人工智能(artificial intelligence，AI)确定为21世纪最具战略意义的技术，然而，城市规划等部门在使用人工智能改进决策过程方面是落后的。本研究提出了一种方法，旨在将CS与CI联系起来，为促使地方政府在智慧城市的城市规划领域采用人工智能做出贡献。

预期的成果可以改善城市规划的决策过程以及提高公民的意识和参与度。决策规划的效果可以体现在三个方面：第一，通过使用关于城市状况和住房的实时意见和建议，帮助公民根据自己的概况选择最佳住房；第二，以促进包容性城市规划的方式支持政府机构(市政府)的决策过程；第三，提高利益相关者对CI在城市规划过程中影响的认识。

背景

城市面貌与交互技术和传感器息息相关。尽管这些技术中的许多都是特制的，而且经常嵌入到无处不在的智慧城市基础设施中，但人和物体之间的联系比以往任何时候都要紧密[5]。

现代城市每天都面临着效率和优化的挑战，这也解释了为什么智慧城市的概念是识别它们的一种流行方式。智慧城市要求新的城市治理行动计划具有有效性和弹性。这些方法应该包括知识、认知和创造力。换句话说，它们必须依靠人的因素，以及学会面对这些重大变化和获得解决问题方法的能力[6]。

今天，成熟的技术使设想一个个性化和公民驱动的地方或城市成为可能。Foth等人强调了社交智慧城市在多大程度上融合了两种类型中的精华：以人为本的社交城市和拥抱未来互联网和技术驱动创新机会的智慧城市，例如生活实验室、物联网(Internet of Things，IoT)和大数据[3]。这样的创新人人都能接触到。下一代技术，例如IoT，尤其是AI，使认知城市成为一种新的范式(表1)。

智慧城市环境下，为满足对有效性和弹性的需求，需要制定新的城市治理行动计划。图1将几个概念与新兴的城市规划方法联系起来[6~13]。

图1所示模型的核心与城市规划密切相关。城市规划是一个技术和政治过程，涉及土地使用和建筑环境的开发和设计，包括空气、水和进出城市地区的基础设施，如交通、通信和分配网络[14]。然而，城市目前正在向技术领域发展。这种增长正在推动城市规划在实践中与信息和通信技术(information and communications technology，ICT)相结合，考虑到这些技术为社区提供咨询和场所营造的可能性。此外，规划需要认知心理过程，包括规划设计、决策制定、问题解决和学习[7]。这些过程可以通过计算框架来理解和开发，通过CS中的CI使用创造力作为认知城市规划模型(cognitive urban planning model，CUPM)的一

表 1　人工智能在智慧城市中的应用趋势

Id	技术	算法	在智慧城市中的应用
1	情感识别和分析（以文本和语言为重点的情感分析）	线性分类器、*k*–最近邻、支持向量机（support vector machine，SVM）、人工神经网络、决策树、隐马尔可夫框架、混合框架和情感识别	升级策略响应和对客户情绪状态的充分响应（虚拟助手和自动服务台）
2	增强现实(Augmented reality，AR)	基于标记的AR：兴趣点检测与匹配及RANSAC；无标记AR：视觉里程计和视觉惯性里程计；具有几何环境理解的无标记AR：密集三维重建和多视图立体文献；具有几何和语义环境理解的无标记AR:语义分割、目标检测和三维目标定位	视觉扩展(例如HoloLens)，使用动态图像的数字指令
3	数据存储	感知算法和本体排序算法	用于结构化数据的关系数据库和用于数据自动分类的照片商店
4	文本和图像的检测、标记和分类	词性标注： 有监督学习：基于规则范式（Brill）、随机算法（基于n–gram，最大似然，隐马尔可夫框架[维特比算法，神经网络]）和神经网络 无监督学习：基于规则范式（Brill）、随机算法（Baum–Welch 算法）、神经网络和文本分类（即朴素贝叶斯、SVM 和最大熵）	通过文本和图像自动识别、标记和分类对象以及情感识别
5	自动递送和自动分拣(硬机器人)	感知、规划算法、控制学习算法、自适应算法、轨迹生成算法、Kin和Dyn算法、推理算法、运动合成算法、跟踪算法、LBFGS算法、概率算法	智能航天飞机、运输机器人、无人机和外骨骼
6	大数据分析	*k*–means 聚类、关联规则挖掘、线性回归、逻辑回归、C4.5、SVM、先验、期望最大化、AdaBoost、朴素贝叶斯、决策树、时间序列分析和文本分析	使用所有可用数据进行数据分析
7	数据采集、传输和交易演练（例如自动下单）、跟踪	分布式、几何、分布式、集中式定位；网络配置和补偿（即 PLICA、PPCA、IPPCA 和 ANNCA）；遗传算法和加权聚类算法 MANET	重新订购产品(例如智能按钮)、跟踪可穿戴设备、跟踪包裹、远程监控和紧急通知系统(运输)以及工作中的健康(例如椅子上的传感器)
8	自然语言处理 (Natural language processing，NLP)、模式识别、机器学习和神经网络（系统和客户）。重点：基于文本、简单查询和单信道	模式识别算法、基于文本或语音的句法和语义 NLP 方法、学习算法（即有监督、无监督和强化）、神经网络（循环神经网络）和卷积神经网络	用于信息搜索、自动交易、基于文本的翻译、推荐系统和图像搜索引擎的基于文本的数字助理（例如聊天机器人）
9	区块链和隐私	默克尔树、公钥基础设施和智能合约；NLP方法、学习算法和贝叶斯统计	经济和社会创业、身份认同、金融和政府服务。数据可用于分析犯罪模式，以提高警察的表现和对公共服务的需求

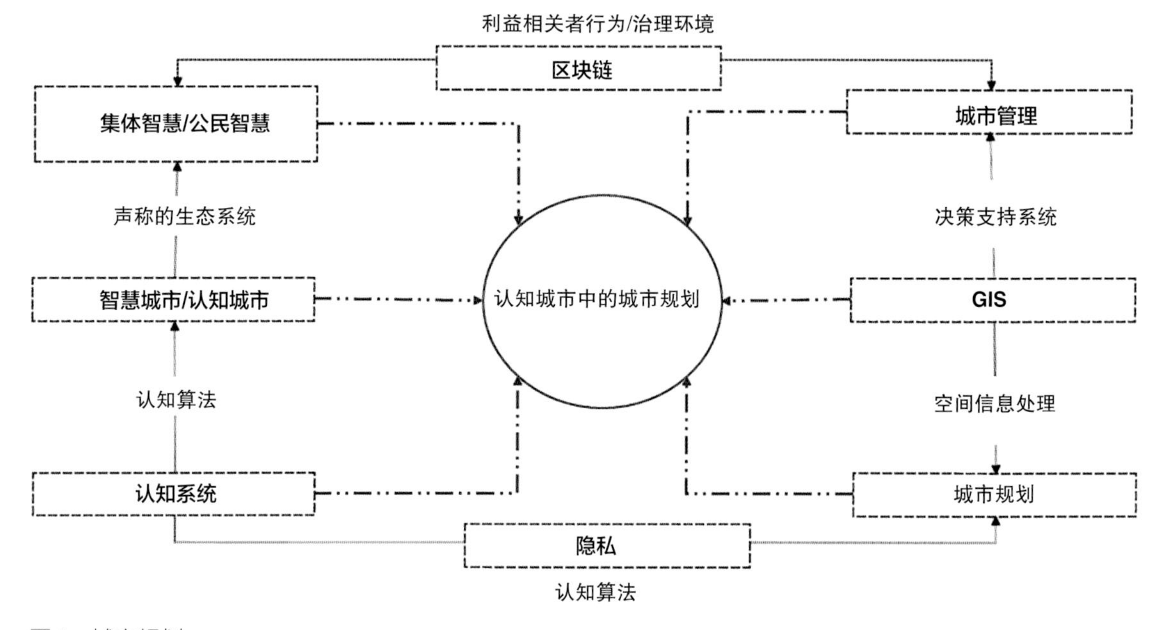

图1　城市规划

部分[10]。

认知系统和AI

CS代表了AI的进化，因为这些系统可以像人类一样在环境中思考、学习和理解信息。在认知领域，已经进行了一些努力来改进AI方法。为了更好地理解这些趋势，我们将AI分为八个部分：

（1）基于情绪和情感的计算：系统可以识别并充分响应用户的情绪。系统本身表达甚至“感受”情绪。

（2）混合现实[虚拟现实(virtual reality，VR)和增强现实(augmented reality，AR)]：将现实世界和虚拟世界融合到新环境中。物理和数字对象共存并实时交互的可视化。VR/AR涉及复杂的技术，然而，应该要意识到这项技术对城市规划决策的阻碍[15]。因此，它应该与真正的公民互动相结合。

（3）本体和知识结构[语义/认知网络（知识结构）]：对象和它们之间的关系被定义并且是动态可变的。

（4）感知(人类感官的分析和使用)：这些系统可以从听觉(听)、嗅觉(闻)、味觉(尝)、视觉(看)和触觉(触摸)的感知中提取和使用信息。

（5）机器人技术（硬件和软件）：这是人机交互与供应链中再现人类行为的机器人的比较，一些机器人与客户和生产人员互动。

（6）智能数据（小数据和大数据作为推动因素）：使用统计方法进行数据分析，并结合软计算方法。

（7）智能传感器（IoT加AI）：智能传感器是相互通信的交叉链接对象。使用AI在认知上增强了这种相互联系。

（8）智能辅助：虚拟助手可以为一个人执行任务或服务，人机交互可以是书面或口头的。

此外，表1中分析了所使用的技术、算法和应用领域。表1中的大多数应用都适用于提高流程效率。然而，战略流程仍在继续将人际互动作为解决问题的第一驱动力[16]。

建议的模型

认知城市是一种利用信息技术和AI以及人类认知来增强城市和资源分配决策的范式。这种类型的城市根据过去的经验，学习和调整其功能，并且能够感知、理解和响应其生活条件的变化[11]。

在世界范围内，对于教学环境的构建，使用最多的学习理论是行为主义、认知主义和建构主义。然而，需要强调的是，所有这些都是在学习和教学不受技术影响的情况下发展起来的。

行为主义、认知主义和建构主义的概念都有其局限性。大多数学习理论的主要针对情况是个体的学习情况。这些假设没有解决正规教育环境(如学校和大学)之外的非正式学习，也没有描述学习是如何在组织内部发生的。

鉴于知识在信息和通信技术及互联网的帮助下在互联世界中呈指数级增长，提出了新的重要问题来建立学习理论。因此，一种新的理论出现了：连接主义。它指的是由混沌、网络、复杂性和自组织理论探索的原则的整合。学习是在核心要素不断变化的环境中发生的过程，并不完全受个人控制。学习可以在没有人的情况下产生，它基于一系列特定的连接信息。

如前所述，人类学习理论是使用ICT工具来描述的。Mostashari等人指出，为了提供有效的治理，有必要为每个基础设施系统设置各种关键绩效参数(key performance parameter，KPP)，以识别城市环境中不同利益相关者的不同需求[11]。此外，还应定义一些KPP，以评估公共基础设施服务的短期、中期和长期状况。

此外，对于真实的或短期的因素，重点是确定对情况的快速解决方案。同时，从中长期来看，重点是不断提高公民的生活质量，并且需要注意关键环境参数(key environmental parameter，KEP)，它也可视为CS的要素[17]。

根据这一概念，Mostashari等人建立了两个阶段：一个是架构阶段；另一个是认知过程阶段。这些阶段考虑了操作和战术组织层次，但不考虑战略层次[11]。

Kumar等人基于世界各地的几个例子表明，城市环境中的协作规划过程应该定位在一个组织的战略层面[18]。此外，规划代表了人类抽象的最高层次。规划过程需要许多与创造力有关的技能，也需要利用现有的大多数可用的人类智能。

如前所述，AI技术不再能够自行解决战略规划过程。通过这种方式，所提出的模型结合了人和机器，用以提高协同城市规划的有效性，如图2所示。

图2中的每个元素都反映了人与机器职责之间的划分，然而，在协同的城市规划过程中，机器和人类在一起可以更好地实现最佳结果。在下一节中，作者将详细描述定义为CUPM的框架。

图2详细说明了实现CUPM的步骤：它包括参与者、协作城市规划中使用的协作技术组，以及支持每个阶段和参与者的AI工具组。通过这种方式，模型内部具有一致性，强调协作城市规划的成功，趋向于认知环境，需要人机界面才能在使用CI范式时获得最佳结果。它还提出了协同城市规划的概念（见表2），其源自协同规划的范式和国际成功案例。它与AI在城市中应用的新挑战相结合（见表1）。它考虑了自上而下、自下而上和中间向外的城市规划方法[9]。该框架建立了三个主要参与者：公民，可以是人类或智能传

城市规划方法

自上而下

中间向外

自下而上

独立实体

参与者	认知阶段					
	城市规划（设计）		架构（实现）		流程（部署）	
	方法论小组	计算机AI使能	方法论小组	计算机AI使能	方法论小组	计算机AI使能
公民	收集、交流和反馈	情绪和情感、混合现实、智能数据、智能传感器和辅助			反馈	智能协助
工作人员	系统化和决策	本体和知识结构，智能数据			反馈	智能数据
技术人员	系统化、沟通、反馈和决策	混合现实、智能数据、智能传感器	收集，系统化，沟通，决策	混合现实、本体和知识结构、机器人、智能数据和智能传感器	系统化，反馈，决策	本体和知识结构、感知、智能数据和智能传感器

图2　CUPM

感器；工作人员，对应于管理该计划的政府组织的高级执行团队；技术人员，其职责属于负责政府战术任务的团队，一般由建筑师、土木工程师、地理学家、电信和系统专家等组成。

基于Fredericks等人提出的中间向外设计方法，中间参与者作为一个独立的实体引入，在框架中考虑到每个主要参与者都可以成为一个实体[9]。因此，当公民、工作人员或技术人员对干预或结果没有直接利益时，他们可以成为独立的实体。

在这个过程中添加自然作为参与者，其包含了所建议模型中的各种影响[19]。它代表了主要参与者(即公民、工作人员和技术人员)的混合，他们的参与最终创建了一个独立的实体。此外，Mostashari等人提出的认知阶段将自然作为利益相关者引入[11]。在阶段1，与独立实体的交互是由三个主要参与者混合进行表示。他们的观点往往会围绕共识中心发生变化。

对于每一个规划实践，都应包括环境参与者，因为他们的参与改善了城市规划在保护自然的认知阶段的成果，特别是考虑到气候变化的直接威胁。基于之前的想法，该模型试图通过遵循新城市议程在住房问题上提出的挑战，并引入自然作为横向利益相关者，用以减少气候变化的影响。

CUPM 的每个阶段的概念化解释以及它们在每种

表2　用于协同城市规划的方法论方法（摘自Ministerio de Vivienda y Urbanismo[8]）

Id	分组	目标	技术	
1	收集	收集有关环境、社区、需求和需要的数据或信息	·焦点小组 ·讨论组 ·研讨会 ·搜索会议 ·开放日 ·建模工作坊 ·采访 ·民意调查 ·自填式问卷	·直接观察 ·参与者观察 ·附近考察 ·文件分析 ·语音分析 ·邮寄 ·录像带 ·协同设计
2	系统化	整理收集到的信息	·参与者分析 ·网络分析 ·排名	
3	沟通	向参与项目的社区报告信息	·信息信件 ·公告 ·网站 ·挨家挨户	·集会 ·镇议会 ·研讨会 ·社交媒体
4	反馈	收集利益相关者的反馈	·开放日 ·公共协商 ·集会	·镇议会 ·研讨会 ·常务委员会
5	决策	在相关参与者之间建立共识	·研讨会 ·搜索会议 ·公众咨询	·协定议定书 ·公民投票

情况下使用的步骤、方法和AI技术将在以下部分进行解释。

阶段 1——认知城市规划

这一阶段为Mostashari等人的工作中提出的模型添加了一个缺失的元素[11]。规划使用了人类认知的最高水平，目前尚未被智能系统覆盖，因此人类仍然是一个横向元素，智能系统作为决策过程的基础，即使在这种情况下，仍然为协同城市规划过程提供了强大的支持。这个阶段分为五个步骤，允许使用协同城市化范式建立规划项目，这些项目是在主管政府办公室的城市战略规划范围内完成的。

（1）问题陈述。问题陈述以一般方式定义了要解决的城市问题。它必须源自困扰问题所涉人员的需要，或源自理事机构战略规划中的规范。这个阶段允许感兴趣的利益相关者了解特定地理环境的城市概况以及在其中考虑的宏观、中观和微观因素，以将制定的问题确定为可交付成果。以下是参与者的方法工具和AI激活器：

➤ 公民：数据收集技术使公民能够评估和解决问题。过去，沟通和社会化是协同城市规划成功的要素。

保持持续的反馈可以从公民的角度捕捉具体的现实。它使这一过程的支持者，即技术工具的使用者，能够通过模拟自然交互场景（即动态图像和3D）的人机界面捕捉公民的情绪。

在已经安装了传感器系统的城市中，一个代理程序或设备(如智能交通灯和交通系统)会生成有助于解决问题的数据。虚拟协助可以通过文本识别和自我呼叫代理等实现7×24的解决方案。最后，对于模式的确定和决策，实时数据分析构成了一个完整的解决方案。

➤ 工作人员：由政府组织的指令级别确定问题的确定性的决策过程是必不可少的。这个过程可以依赖历史数据库中的常驻信息机制(知识结构)以及数据的统计分析(智能数据)。

➤ 技术人员：在规划过程中，通过不同媒体收集的信息必须由专业团队进行分析和综合。此外，协同城市规划的成功案例需要充分的社会化，以便所有参与者达成一致。在这种情况下，认知工具/技术需要历史信息以及对结构化和非结构化数据的实时分析。

（2）分析。分析关于所述问题的现有多部门信息，需要确定产生该问题的主要原因和社会因素。该分析使用因果图、问题树和概念图等工具。

在理清围绕问题的现实后，确定了正确的基线或起点。在此步骤中，技术人员团队必须负责将信息系统化，进而执行决策过程。因此，依赖此过程的CS组应重点分析静态和动态、归一化和非归一化信息。

（3）关注。建立基线是有效控制计划的起点。此时，管理人员和技术专家对此负责。基线应包含有关参与者（公民）群体的确认信息、问题以及考虑解决问题所需的任何适当信息。它需要填写配置矩阵中的所有信息。利用可用信息，可以继续配置集体智能认知GIS(cognitive GIS of collective intelligence，CGISIC)的执行参数。

（4）交互。根据从基线获得的核心问题，参与者必须定期互动以达成共识。共识过程结合了技术人员和公民的参与，使用通信技术和反馈作为活动的横向元素以及技术人员进行系统化。在这一步中，VR和AR的AI激活器、非标准ZED 数据的分析和智能传感器，在物联网城市化的情况下，占主导地位并确保与公民的适当融合。同时，通过使用物联网设备为技术人员提供支持。使用AI系统运行的所有活动都会考虑空间接口和实时响应。

（5）排名。规划阶段讨论的项目的实施，根据参与方的多重标准进行优先排序。在协作式城市规划方法中，工作人员和技术人员小组是负责确定优先级的参与者。

为此，建议通过系统化和决策技术来补充认知成分。在多层神经网络算法的辅助下，结构化和非结构化数据分析领域的AI激活器从有序的多标准列表中生成知识，从而在每个规划级别以最高的确定性指数加强决策过程及其流程，这里既包括有显性的，也包括有隐性的。

阶段 2——认知架构

这个阶段的灵感来自Mostashari等人提出的建议[11]。它在其步骤中保持原始版本，只是添加了技术和AI激活器。本次调查中考虑的协同城市规划的参与者已经进行了调整。这一阶段由特定技术和工程要素的设计领域中的专业技术工作组成，这些技术和工程要素允许在操作阶段被激活。

被定义为技术人员的参与者可以使用与信息收集、系统化和沟通以及决策制定相关的技术。作为补充，AI激活器与VR和AR技术相关，从而使体验过程成为可能。此外，激活器负责架构的设计，并在场景定义和比较分析中从现有数据库中的结构化数据中获取信息。

对于架构，规划执行取决于人口部门的自动化水平，并且会应用机器人控制机制。最后，虚拟助手、设备、非结构化数据分析和学习过程的使用，主要来自IoT的大数据以及公民的互动。

阶段 3——认知过程

Mostashari 等人将这个阶段定义为系统参与者之间的持续交互[11]。在提议的方法中，他们只考虑智能设备，从低自动化水平到高自动化水平，将人类行动整合到领土空间中。在此背景下，该阶段结合了所提出的主要阶段，并在控制了KPP和KEP之后整合了规划阶段，以衡量模型产生的影响。三个参与者的参与发生在该过程的这一阶段，具体如下：

➤ 公民：他们对目标的部分或全部结果提供持续反馈，为此需要使用反馈。在这种情况下，AI使能器与智能辅助、情感识别和有利于交互的AR界面的过程有关。

➤ 工作人员：他们负责有关实现计划目标的决策过程，这是重新考虑协议和目标的基本要素。因此，工作人员在这一步骤中使用决策技术，并辅之以结构化和非结构化基础上的数据分析，以确保行动的实时性和计划的有效性。

➤ 技术人员：他们负责系统化、反馈和决策过程，这是该团队在操作过程中进行交互的固定职责。在高度自动化的环境中，他们的任务可以通过AR接口、对存储在结构化数据库中的信息的识别以及与物联网和机器人设备的交互来支持，这些设备可以出现并成为KPP和KEP的一部分。最后，当所有信息变成一个大型数据仓库（如图像、声音和文本）时，将对其进行处理和解释。

人类层面的技术或方法论以及机器层面的AI激活器可以一起应用以获得最佳结果。然后，当执行协同规划过程时，每种AI技术或激活器都是可选的，包括每个应用环境的选择。表3详细列出了这些可选元素。人类交互和AI方法的方法论技术取自表1和表2。

表3　CUPM、其参与者和步骤

认知阶段（步骤）	参与者																																						
	公民													工作人员														技术人员												
	方法论小组					计算机AI使能								方法论小组					计算机AI使能								方法论小组					计算机AI使能							
城市规划	1	2	3	4	5	1	2	3	4	5	6	7	8	1	2	3	4	5	1	2	3	4	5	6	7	8	1	2	3	4	5	1	2	3	4	5	6	7	8
1. 问题陈述	X	–	–	X	–	X	–	X	–	–	X	X	X	–	–	–	–	X	–	–	X	–	–	X	–	–	–	X	X	–	–	–	–	X	–	–	X	–	–
2. 分析	–	–	–	–	–	–	–	–	–	–	–	–	–	–	–	–	–	–	–	–	–	–	–	–	–	–	–	X	–	–	X	–	–	X	–	–	X	–	–
3. 关注	–	–	–	–	–	–	–	–	–	–	–	–	–	–	–	–	–	X	–	–	–	–	–	X	–	–	–	X	X	–	X	–	–	–	–	–	X	–	–
4. 交互	–	–	X	X	–	–	X	–	–	–	–	X	X	–	–	–	–	–	–	–	–	–	–	–	–	–	–	X	X	X	–	–	–	–	–	–	–	X	–
5. 排名	–	–	–	–	–	–	–	–	–	–	–	–	–	–	X	–	–	X	–	–	X	–	–	X	–	–	–	X	–	–	X	–	–	X	–	–	X	–	–
架构	1	2	3	4	5	1	2	3	4	5	6	7	8	1	2	3	4	5	1	2	3	4	5	6	7	8	1	2	3	4	5	1	2	3	4	5	6	7	8
1. KPP	–	–	–	–	–	–	–	–	–	–	–	–	–	–	–	–	–	–	–	–	–	–	–	–	–	–	X	X	–	–	X	–	–	–	–	–	X	X	–
2. KEP	–	–	–	–	–	–	–	–	–	–	–	–	–	–	–	–	–	–	–	–	–	–	–	–	–	–	X	X	–	–	X	–	–	–	–	–	X	X	–
3. 设计传感器架构	–	–	–	–	–	–	–	–	–	–	–	–	–	–	–	–	–	–	–	–	–	–	–	–	–	–	–	–	X	–	X	–	X	–	–	X	X	–	–
4. 开发场景和行为基准	–	–	–	–	–	–	–	–	–	–	–	–	–	–	–	–	–	–	–	–	–	–	–	–	–	–	–	–	X	–	–	–	–	X	–	X	–	–	–
5. 确定基于情景的替代方案和参与者	–	–	–	–	–	–	–	–	–	–	–	–	–	–	–	–	–	–	–	–	–	–	–	–	–	–	–	–	–	–	X	–	–	–	–	–	X	–	–
流程	1	2	3	4	5	1	2	3	4	5	6	7	8	1	2	3	4	5	1	2	3	4	5	6	7	8	1	2	3	4	5	1	2	3	4	5	6	7	8
1. 测量KPP和KEP	–	–	–	–	–	–	–	–	–	–	–	–	–	–	–	–	–	–	–	–	–	–	–	–	–	–	–	–	–	X	–	–	–	–	–	–	–	X	–
2. 识别隐藏场景	–	–	–	–	–	–	–	–	–	–	–	–	–	–	–	–	–	–	–	–	–	–	–	–	–	–	–	X	–	–	X	–	–	X	X	–	–	–	–
3. 选择响应	–	–	–	–	–	–	–	–	–	–	–	–	–	–	–	–	–	–	–	–	–	–	–	–	–	–	–	X	–	–	X	–	–	–	–	–	X	X	–
4. 实现响应	–	–	–	–	–	–	–	–	–	–	–	–	–	–	–	–	–	–	–	–	–	–	–	–	–	–	–	–	–	–	X	–	–	–	–	–	–	–	–
5. 监控影响	–	–	X	–	–	X	X	–	–	–	–	X	–	–	–	–	–	–	–	–	–	–	–	–	–	–	–	–	–	X	–	–	–	–	–	–	–	–	–
6. 认知规划目标和架构审查	–	–	–	–	–	–	–	–	–	–	–	–	–	–	–	–	X	–	–	–	X	–	–	X	–	–	–	–	–	–	X	–	–	–	–	–	–	–	–

模型应用

该模式目前适用于厄瓜多尔基多大都会区(Metropolitan District of Quito，DMQ)。要解决的城市问题是：不适当的规划和城市控制使城市的发展退化。解决这一问题的目标是使城市化区域更加密集，并形成一种有利于动态、紧凑和多模式的城市化形式的生产中心结构。

该应用是在每个利益相关者(即公民、技术人员和员工)的参与下进行的(参见表3)。本练习涵盖的阶段包括问题陈述、分析、关注、交互和排名。为了实时收集利益相关者的反馈，CGISIC平台(http://www.sigic.net/)运行了15天，根据这些结果，提出了解决方案的排名。

在反馈的基础上，决策过程建立了一个空间点列表，DMQ的技术人员在列表中分析了集中群体的偏好，并利用复杂网络分析和聚类算法预测了他们的潜在趋势。此外，CGISIC的推荐引擎考虑了对改变或维持每个参与者的观点的影响。

本练习中没有充分考虑架构和流程阶段，因为DMQ没有能够应用模型建议的库存和标准化物联网设备。在流程阶段，计划通过社交网络、研讨会和理事会进行监测，以确定人类发展指标的影响和解读。

这些监控操作将通过使用虚拟助手（聊天机器人）以及与AR应用程序的交互来执行，这些应用程序将随着每个中心点的变化和点的实时移动而生成。这些信息将由市政系统捕获，该系统报告来自市政Twitter账户(@MunicipioQuito)的新闻源的结构化和非结构化信息。随着神经网络的发展和深度学习方法的发展，所有这些都将通过基于无监督学习方法的情感分析模块自动完成。

讨论

拟议的模型侧重于为市政当局（即地方政府）提供参考，以改进城市规划的决策过程，并在智慧城市的背景下提高公民的参与度。这项工作讨论了所使用的理论驱动因素和分析的障碍，以提高该模型与市政当局的整合效率。模型应用所呈现的结果可以根据参与式城市规划的每一个经验所涉及的利益相关者的需求而改变。因此，正如Mostashari等人所描述的，在第一阶段的前三个步骤中解决了环境、人类、政治和社会问题[11]。

早期结果使我们能够验证CI、GIS和CS的影响，因为公民、技术人员和工作人员在不同的团队中共同工作，SIGIC实现了GIS接口，而CS允许使用AI技术的优势来改进决策过程。取得的结果与之前的报告一致。Frauenberger等人指出，在参与式设计中，社区致力于不断完善其技术、社会、政治和科学议程[20]。作者还提出了三个焦点：规模，因为它与参与式设计的范围相关；通过使用最佳辩证技术与其他利益相关者和组织建立网络和联系，创造和维护空间以及建设性冲突；效果[20]。这些焦点既能体现科技未来的民主愿景，又能体现人们的情感感受。因此，该模型为共同探究和共同设计提供了新的参与式方法。

基于上述方法，本文提出的模型不仅可以提高城市效率，而且可以提高市民的生活质量。由于该模型的结构是阶梯式的，因此随着该模型的应用，城市效率不断提高[11]。它确保了概念、设计和操作之间的实时通信。利益相关者的参与和公民的生活质量有助于改善环境中的服务质量和健康。

目前的技术水平表明，世界上的城市规划对各国来说都是一项挑战，AI相关技术的创新使用为解决城市增长问题提供了广泛的行动模式，因此，它可以提高公民的生活质量。

本文提供的模型巩固并强调了人和机器的参与对达成共识的重要性。未来人机联动在学习和认知领域具有巨大潜力，能够将智慧城市水平提升到认知城市水平。在人类主导决策的创造过程中，迈向智能城市的水平仍然很弱。本文提出的模式灵活且可适应每个政府实体在其城市规划过程中的基础设施和需求，实时提供解决方案，使有关各方能够更有效地应对背景变化。

本文的研究成果和研究范围旨在为认知型城市规划提供一个模式。我们今后的工作将侧重于在厄瓜多尔各市的实际情景中执行和评估。这些结果将使我们能够通过所有利益相关者的反馈来验证拟议模型的全球有效性，这将构成协作和包容性城市规划的生态系统。

致谢

感谢基多市政府提供的信息和支持，以及Daniel Castillo博士对地理信息系统平台的帮助。这项工作在一定程度上得到了厄瓜多尔高等教育、科技与创新部长和瑞士国家科学基金会的资助，该基金成立了一个项目，旨在扩大智慧城市项目的规模——在国家研究计划“数字化转型”的背景下，从单个试点转向产业崛起的共同战略。

参考文献

[1] P. Jones and D. Storey, “Density, sprawl and sustainable urban development: Perspectives from the Asian and Pacific region,” in *Growing Compact*. Evanston, IL: Routledge, 2017, pp. 82–94.

[2] J. H. P. Bay and S. Lehmann, *Growing Compact: Urban Form, Density and Sustainability*. New York: Taylor & Francis, 2017.

[3] M. Foth, M. Brynskov, and T. Ojala, *Citizen’s Right to the Digital City*, vol. 10, Berlin: Springer-Verlag, 2015, pp. 978–981.

[4] D. Schuler, “Communities, technology, and civic intelligence,” in *Proc. 4th Int. Conf. Commun. Technol.*, 2009, pp. 61–70. doi: 10.1145/1556460.1556470.

[5] M. Foth, “Participatory urban informatics: Towards citizen-ability,” *Smart Sustain. Built Environ.*, vol. 7, no. 1, pp. 4–19, 2018. doi: 10.1108/ SASBE-10-2017-0051.

[6] M. Finger and E. Portmann, “What are cognitive cities?,” in *Towards Cognitive Cities*. Berlin: Springer-Verlag, 2016, pp. 1–11.

[7] P. Thagard, “Emotional cognition in urban planning and design,” in *Complexity, Cognition, Urban Planning and Design*. Berlin: Springer-Verlag, 2016, pp. 197–213.

[8] “Inventario de metodologías de participación ciudadana en el desarrollo urbano. Serie I Arquitectura y Urbanismo,” Ministerio de Vivienda y Urbanismo, 2010.

[9] J. Fredericks, G. A. Caldwell, M. Foth, and M. Tomitsch, “The city as perpetual beta: Fostering systemic urban acupuncture,” in *The Hackable City*. Singapore: Springer-Verlag, 2019, pp. 67–92.

[10] J. Hurwitz, M. Kaufman, A. Bowles, A. Nugent, J. G. Kobielus, and M. D. Kowolenko, *Cognitive Computing and Big Data Analytics*. Hoboken, NJ: Wiley, 2015.

[11] A. Mostashari, F. Arnold, M. Mansouri, and M. Finger, “Cognitive cities and intelligent urban governance,” *Netw. Ind. Quart.*, vol. 13, no. 3, pp. 4–7, 2011.

[12] L. Van Zoonen, “Privacy concerns in smart cities,” *Gov. Inform. Quart.*, vol. 33, no. 3, pp. 472–480, 2016. doi: 10.1016/j.giq.2016.06.004.

[13] M. Foth, “The promise of blockchain technology for interaction design,” in *Proc. 29th Aus. Conf. Comput.-Human Interact.*, 2017, pp. 513–517. doi: 10.1145/3152771.3156168.

[14] S. Marvin, A. Luque-Ayala, and C. McFarlane, *Smart Urbanism: Utopian Vision or False Dawn*? Evanston, IL: Routledge, 2015.

关于作者

Jaime Meza 厄瓜多尔马纳比技术大学正教授。研究兴趣包括集体智能、软计算、推荐系统和协作认知模型，以此作为改善公共服务和高等教育的一种方式。在西班牙加泰罗尼亚理工大学获得项目和系统工程博士学位。联系方式：jaimemeza1@gmail.com。

Leticia Vaca-Cárdenas 厄瓜多尔马纳比技术大学信息学和电子学院教授和研究员。研究兴趣包括集体智慧、认知系统、网络、电子学习系统和物联网。在意大利卡拉布里亚大学获得复杂系统科学与技术博士学位。联系方式：leticia.vaca@utm.edu.ec。

Mónica Elva Vaca-Cárdenas 厄瓜多尔马纳比技术大学教授和英语语言研究员。研究兴趣包括连接主义和学习理论。在堪萨斯州立大学获得课程和教学博士学位。联系方式：monica.vaca@utm.edu.ec。

Luis Terán 瑞士弗里堡大学Human-IST研究所认知计算方面的高级研究员，瑞士弗里堡卢塞恩应用科学与艺术大学外聘讲师。研究兴趣包括数据科学、数字化、信息系统、机器学习和可解释的人工智能。获得弗里堡大学的博士学位和计算机科学学位。IEEE高级会员。联系方式：luis.teran@unifr.ch。

Edy Portmann 瑞士弗里堡大学Human-IST研究所计算机科学资助教授。研究兴趣包括认知计算、词计算、感知计算、软计算和智慧城市。在弗里堡大学获得计算机科学博士学位。IEEE会员。联系方式：edy.portmann@unifr.ch。

[15] C. Parker, W. Jenek, S. Yoo, and Y. Lee, "Augmenting cities and architecture with immersive technologies," in *Proc. 4th Media Archit. Biennale Conf.*, 2018, pp. 174–177. doi: 10.1145/3284389.3303997.

[16] M. Lippi and P. Torroni, "Argumentation mining: State of the art and emerging trends," *ACM Trans. Internet Technol. (TOIT)*, vol. 16, no. 2, pp. 1–25, 2016. doi: 10.1145/2850417.

[17] A. Mostashari and J. M. Sussman, "A framework for analysis, design and management of complex large-scale interconnected open sociotechnological systems," *Int. J. Decision Support System Technol. (IJDSST)*, vol. 1, no. 2, pp. 53–68, 2009. doi: 10.4018/ jdsst.2009040104.

[18] H. Kumar, M. K. Singh, M. Gupta, and J. Madaan, "Moving towards smart cities: Solutions that lead to the smart city transformation framework," *Technol. Forecast. Soc. Change*, vol. 153, p. 119,281, Apr. 2020. doi: 10.1016/j.techfore.2018.04.024.

[19] R. Clarke, S. Heitlinger, A. Light, L. Forlano, M. Foth, and C. DiSalvo, "More-than-human participation: Design for sustainable smart city futures," *Interactions*, vol. 26, no. 3, pp. 60–63, 2019. doi: 10.1145/3319075.

[20] C. Frauenberger, M. Foth, and G. Fitzpatrick, "On scale, dialectics, and affect: Pathways for proliferating participatory design," in *Proc. 15th Particip. Des. Conf., Full Papers-Vol. 1*, 2018, pp. 1–13. doi: 10.1145/3210586.3210591.

（*本文内容来自 Computer, Jun. 2021*）**Computer**

对抗机器学习：从实验室到真实世界的攻击

文 | 林孝盈　华为国际
Battista Biggio　卡利亚里大学、Pluribus One
译 | 涂宇鸽

机器学习技术应用到真实世界中后，会面临怎样的威胁？我们应当如何应对？

对抗机器学习是一个新兴研究领域，研究与现代人工智能（AI）系统中使用机器学习算法有关的潜在安全问题，以及保护机器学习算法免受此类威胁的防御技术。机器学习面临的主要威胁包括一系列旨在通过对抗性输入扰动误导机器学习模型的技术。与将机器学习用于恶意和攻击性目的的机器学习犯罪和利用机器学习保护现有系统的机器学习安全机制不同，对抗机器学习技术利用并专门处理机器学习算法的安全漏洞。

以使用特定机器学习算法的自动监控摄像头为例，该系统实时监控出入大楼的人。有个人穿着T恤从大楼旁走过，但因为他的T恤上有一个特殊的图案，可以有效地躲过摄像头的勘测，导致监控并没有发现他。这种图案可以通过利用对抗机器学习研究领域中开发的攻击算法来构建和优化目标系统[1]。

对抗机器学习早期在现实世界的一个应用是过滤垃圾邮件。随着时间的推移，机器学习驱动的垃圾邮件过滤系统学习用户的应对方式，如知道自己将正常的邮件错误标记为垃圾邮件，或没有识别出垃圾邮件，由此完善过滤功能。在这种情况下，攻击者可以利用垃圾邮件过滤系统的这一学习特点，改变其垃圾邮件的内容，如在邮件中使用正常邮件会出现、而垃圾邮件不会使用的句子，这最终又会导致垃圾邮件过滤系统将含有这些词的正常邮件错误地归类为潜在的垃圾邮件。因此，机器学习算法的过滤性能可能大大降低，从而导致用户停用垃圾邮件过滤服务。笔者描述的这种攻击为中毒攻击。中毒攻击假定攻击者可以操纵训练数据、颠覆学习过程，是重要的对抗机器学习攻击技术之一。对抗机器学习的首次系统研究于2006年展开[2]。机器学习中的深度学习技术在各种智能任务中取得了优异的成绩，此后误导深度学习技术的对抗机器学习攻击成为重要研究领域。在一份关于对抗机器学习十年发展历程的翔实总结中[3]，提及了响应式及主动式安全机制等关键见解。对抗机器学习已经被囊括进攻击机器学习的新技术。美国国家标准与技术研究所（NIST）首次系统地组织并描述了对抗机器学习的分类级别[4]。目前NIST的报告介绍了学术界开发的主要对抗机器学习技术。

对抗机器学习的主要攻击类别

机器学习的生命周期主要可以分为两个阶段：训练阶段，输入训练数据及机器学习模型配置，生成并输出训练好的模型；操作阶段，将训练好的模型部署到服务中，并将部署的模型激活。在在线学习等特殊情况下，持续输入操作输入及用户反馈作为训练数据、更新模型，如此循环再回到训练阶段。前述关于垃圾邮件过滤系统的例子中，根据用户反馈持续更新，可以视作在线学习的典型例子。基于机器学习的生命周期，对抗机器学习攻击的五个主要类别介绍如下（在图1中另附说明）。

中毒攻击

如垃圾邮件过滤服务的例子所述，中毒攻击操纵训练数据以降低机器学习服务的性能。特别是，这种攻击的目的是降低系统的整体性能，导致服务被拒，或者在操作过程中允许特定的错误分类（如只针对特定的用户或样本集）。中毒攻击是在训练阶段进行的，假定攻击者可以将中毒数据样本加入用于学习或更新部署的模型的训练集。数据驱动、基于机器学习的系统强烈依赖于训练数据集的质量及代表性，的确可能对中毒攻击非常敏感。同样以垃圾邮件过滤服务为例，当性能下降超过一定水平时，该服务就会变得无用甚至有害。这一影响在恶意软件检测及基于网络的入侵检测同样存在。

后门攻击

后门攻击包括两个步骤：在训练阶段将特殊模式嵌入目标模型中，这一步通常是通过使训练数据中毒实现的；在操作阶段向目标模型输入带有触发器的内容，激活后门攻击，该模型便会产生恶意的预定义输出。例如，基于机器学习的后门路标分类器可将停车标志错误归为限速标志。在这一例子中，停车标志上贴了一个特殊的贴纸，成为触发器。由于开源训练数据及预训练的模型的流行和广泛使用，它们很容易被操纵，受到后门攻击的威胁。

逃避攻击

攻击者精心制作扰乱的输入，即所谓的对抗性例子，以误导目标机器学习模型输出错误的预测。网络空间中基于图像的逃避攻击中的一个典型例子是，图像上的狗带有制作出的对抗性噪声时，可能被识别为猫。现实世界中另一个例子是特殊T恤或眼镜框可以逃避基于机器学习的安防和生物识别认证。逃避攻击表明，机器学习模型虽然有效，但具有局限性。此外，对抗性例子表现出可转移性。在模型运行相同或类似任务时，针对其中一个机器学习模型产生的对抗性例子，对其他模型同样有效。

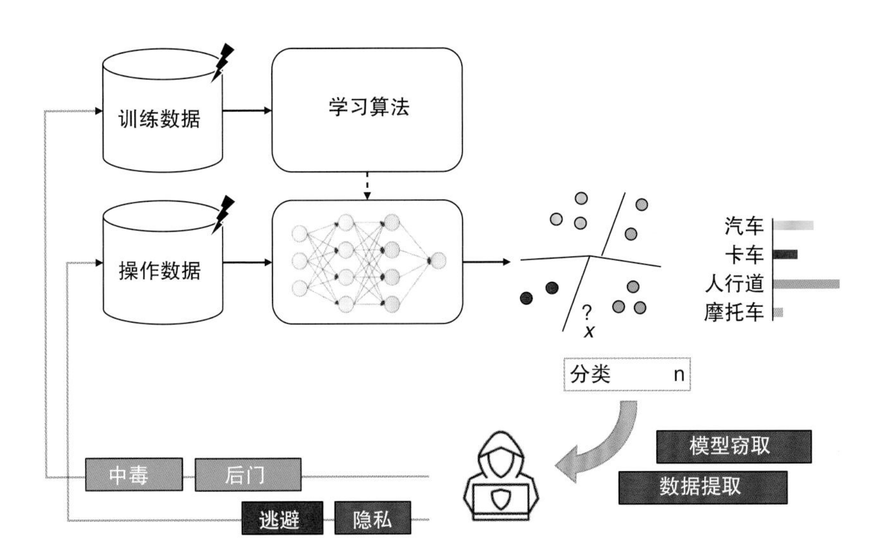

图1 主要的对抗机器学习攻击。逃避和隐私攻击是在操作过程中进行的，包括通过模型窃取和数据提取攻击等方式操纵操作数据，以逃避探测或获得机器学习模型或其用户的机密信息；通常需要机器学习模型的反馈来反复完善攻击样本。中毒和后门攻击还需要攻击者操纵训练数据和/或设计中的机器学习模型

模型窃取攻击

模型窃取攻击是在操作阶段进行的。攻击者可以通过查询目标模型生成原始模型的近似值，然而他们也可能通过系统漏洞获得模型参数。这两种攻击方法都使得攻击者能够对目标模型进行强势逃避攻击。模型窃取攻击也会引起对窃取知识产权的担忧。

数据提取攻击

在数据提取攻击中，攻击者试图将训练数据从目标模型中反转出来，或者至少在操作过程中分辨出某个数据是否属于训练数据。如果目标训练数据为生物认证信息和医疗记录等敏感的私人数据，提取攻击会造成严重的数据隐私侵犯。例如，近似的面部图像可以依靠姓名及查询访问面部识别系统重建。

各种机器学习服务和应用都容易受到不同的威胁。例如，使用大尺寸模型、基于云的机器学习服务可能受到模型窃取攻击，导致模型的能力被窃取。使用小模型的终端设备机器学习应用可能受到模型窃取攻击，攻击者仅仅利用系统即可从设备上提取模型参数。

走向现实世界的对抗机器学习攻击

上述攻击首先是在实验室中开发的，然后逐渐在不同商业领域的各种（几乎是）现实世界的应用中采用。实验室的技术成果和现实世界的攻击之间存在着差距。然而，一些攻击被证明是极其有效的。这些攻击是通过使用现实世界的训练数据或在现实世界中映射对抗机器学习攻击技术来传播的。在这一部分中，笔者将介绍各种（几乎是）真实世界的攻击。

真实世界基于文本的中毒事件

Tay是一个基于机器学习的聊天机器人，适用于

18至24岁的人群，于2016年部署在Twitter上[5]。Tay迅速从在线对话中学习，但出现了意料之外的事件。Tay在与其他恶意推文的对抗性互动中中毒后，开始发布攻击性和伤害性推文。在推出仅16小时后，Tay就被关闭了。

真实世界基于音频的逃避攻击

对抗性的一个例子是针对现实世界中的自动语音识别系统。例如，在攻击Mozilla Deep Speech语音到文本自动语音识别时[6]，加入几乎微不可闻的噪声后，导致系统将句子的波形识别为目标句子。这种攻击需要充分了解目标模型方可使用。随后，又开发出一种先进的基于音频的逃避攻击，称为Devil's Whisper，不需要了解模型参数即可使用[7]。这种攻击针对的是商业语音识别设备，包括谷歌云语音到文本、微软Bing语音服务、IBM语音到文本以及亚马逊转录这四种语音API服务。这些例子表明，谷歌助理、谷歌家庭、微软Cortana和亚马逊Echo等联网智能设备也会受到攻击。含有听不见的命令音频片段的对抗性例子与干净的音频片段是无法区分的。因此，攻击者可以通过听不见的命令激活一些服务，同时将真正的用户蒙在鼓里。

真实世界基于图像的逃避攻击

现实世界中开发出了针对图像分类及物体探测器的对抗性例子。为逃避图像分类器，现实世界中的物体打上了二维打印的物理扰动补丁[8]。攻击效果的主要决定因素是距离和角度等各种环境条件。实地对路标分类器进行物理扰动的实验结果显示，在一定的距离和角度范围内，攻击成功率很高。物体探测任务对多个物体进行探测及分类。例如，安装在车辆上、面向前方的摄像机负责探测路标及交通灯，并对其进行分类。逃避YOLO v2物体探测器的物理扰动已经开发出来，能够使停车标志不可见[9]。实验结果显示，在实验室环境中可以有效地在室内及室外发起这些攻击。尽管对机器学习模型的物理攻击已经过有效证明，但目前的分析仅限于报告少数几个典型例子，而关于这些攻击对机器学习模型的有效性及具体影响的大规模分析仍是缺失的。

真实世界基于激光雷达的逃避攻击

现实世界中已经开发出了三维对抗性例子。首先是精心制作并3D打印出的实物[10]，可以躲避该实物所针对的车载激光雷达探测系统，使其对该系统不可见。随后，这种攻击发展得更加强大，使紧邻的物体同样不可见3D打印的实体物体[11]。将3D打印的对抗性物体放在车辆的顶部，车辆对目标激光雷达探测器系统来说就变得（部分）不可见。

确保机器学习系统免受对抗性攻击的重要性，在学术研究界及行业和标准化组织中均受到了相当大的关注

真实世界的模型窃取攻击

真实世界模型窃取攻击包括模仿谷歌、必应和Systran的机器翻译系统[12]。借助机器翻译服务的查询响应数据集合，原始模型的近似值被开发出来。攻击的最终目的是逃避机器翻译。对抗性例子从模仿模型中产生，之后在线应用于目标模型。英德机器翻译的实验表明，对抗性例子在现实世界的系统中是有效的。例如，谷歌将英文的“救救我，已经超过102°F

了”译作“Rette mich, es ist über 22 °C”，有效地将温度从102°F改为72°F。（据推测，这里可能是将英语语境中的72°F译作了德语语境中的22°C——译者注）

针对对抗机器学习威胁的初步对策

对抗机器学习攻击已经成为对安全、安保及隐私的新威胁。确保机器学习系统免受对抗性攻击的重要性，在学术研究界及工业和标准化组织中均受到了相当大的关注。在此部分中，笔者总结了三类主要的针对对抗机器学习威胁的初步对策。

威胁分析

初步威胁分析能够概述基于机器学习的服务所遇到的威胁，并促进系统开发者和服务提供商对接口的识别。微软和MITRE推导并维护对抗机器学习威胁矩阵框架，将之作为已知的攻击机器学习系统的技术的参考工具[13]，以协助安全分析师。腾讯也发布了一份人工智能威胁矩阵报告（目前只有中文版本），其中介绍了已知的攻击，并提供了初步防御建议[14]。基于定制的威胁分析，可以进行决策并应用适当的安全控制，降低潜在的对抗机器学习威胁。

缓解措施

ETSI保障人工智能安全行业标准小组制定了工作项目ETSI-SAI-005-GR。这是一份关于缓解策略的技术报告[15]，介绍了数据消毒、对抗性实例检测及模型加固等缓解措施，以应对所介绍的五种攻击。报告中还整理并总结了现有针对对抗机器学习威胁的防御技术。这些缓解措施可以形成策略，预防、检测或应对对抗机器学习威胁。

设计中的安全

这是一种受推荐的主动性安全机制，通过将安全设计及实施嵌入机器学习开发和运营生命周期实现。软件开发生命周期中的安全、开发和运营已被采用。在机器学习开发和运营中，该过程还包括持续集成、递送及训练。这一主题已有的研究有限。该方法三个主要步骤：在系统设计中嵌入安全要求；实施安全控制；验证安全要求是否得到满足。第一项可能会受法律约束，后两项则需要安全加固和安全测试方面的强大技术支持。

机器学习系统和服务已成为日常生活的一部分，开发先进工具方面也已经取得了相当大的进展，以降低机器学习所面临的对抗机器学习的威胁。这仍然是一场军备竞赛，因此还有很长的路要走。

本文已经讨论了对抗机器学习攻击技术、它们在现实世界应用中的影响及初步对策。不同商业领域的各个团队应进一步研究对抗机器学习，并为基于机器学习的系统和服务实施适当的缓解措施。基于机器学习的系统除了要安全之外，还应值得信赖。可解释性、公平性和问责制等更具挑战性的课题仍有待解决。笔者希望未来能进一步讨论这些问题。C

参考文献

[1] S.Thys, W. Van Ranst, and T. Goedeme, “Fooling automated surveillance cameras: Adversarial patches to attack person detection,” in *Proc. IEEE/CVF Conf. Comput. Vision Pattern Recognit. (CVPR) Workshops*, 2019, pp. 49-55.

[2] M. Barreno, B. Nelson, R. Sears, A.D. Joseph, and J. D. Tyger, “Can machine learning be secure?” in *Proc. ACM Symp. Inf., Comput. Commun. Security*, 2006, pp. 16-25. doi: 10.1145/1128817.1128824.

关于作者

林孝盈 华为国际高级研究员，IEEE会员。联系方式：lin.hsiao.ying@ huawei.com。

Battista Biggio 卡利亚里大学助理教授，Pluribus One联合创始人，IEEE高级会员。联系方式：battista.biggio@unica.it。

[3] B. Biggio and F. Roli, "Wild patterns: Ten years after the rise of adversarial machine learning," *Pattern Recognit.*, vol. 84, pp. 317-331, Dec. 2018. doi: 10.1016/j.patcog.2018.07.023.

[4] E. Tabassi, K. J. Burns, M. Hadji-michael, A. D. Molina-Markham, and J. T. Sexton, A taxonomy and terminology of adversarial machine learning, National Inst. of Standards and Technol., Gaithersburg, MD, Draft NISTIR 8269, 2019. [Online]. Available: https://nvlpubs.nist.gov/nistpubs/ir/2019/NIST.IR.8269-draft.pdf.

[5] O. Schwartz. "Microsoft's Racist chatbot revealed the dangers of online conversation." IEEE Spectrum. https://spectrum.ieee.org/tech-talk/artificial-intelligence/machine-learning/in-2016-microsofts-racist -chatbot-revealed-the-dangers-of -online-conversation (accessed Mar. 26, 2021).

[6] N. Carlini and D. Wagner, "Audio adversarial examples: Targeted attacks on speech-to-text," in *Proc. IEEE Security and Privacy Workshops (SPW)*, 2018, pp. 1-7.

[7] Y. Chen et al., "Devil's whisper: A general approach for physical adversarial attacks against commercial blackbox speech recognition devices," in *Proc. USENIX Security Symp.*, 2020, pp. 2667-2684.

[8] K. Eykholt et al., "Robust physical-world attacks on deep learning models," in *Proc. IEEE/CVF Conf. Comput. Vision Pattern Recognit. (CVPR)*, 2018, pp. 1625-1634.

[9] K. Eykholt et al., "Physical adversarial examples for object detectors," in *Proc. USENIX Workshop on Offensive Technol. (WOOT)*, 2018, p. 1.

[10] Y. Cao et al., "Adversarial objects against LiDAR-based autonomous driving systems," 2019, arXiv:1907.05418v1.

[11] J. Tu et al., "Physically realizable adversarial examples for LiDAR object detection," in *Proc. IEEE/CVF Conf. Comput. Vision Pattern Recognit. (CVPR)*, 2020, pp. 13,716-13,725.

[12] E. Wallace, M. Stern, and D. Song, "Imitation attacks and defenses for black-box machine translation systems," in *Proc. Empirical Methods Natural Language Process.*, 2020, pp. 5531-5546.

[13] "Microsoft and mitre, Adversarial ML threat matrix." GitHub. https://github.com/mitre/advmlthreatmatrix (accessed Mar. 26, 2021).

[14] Tencent AI Lab and Tencent Secure Platform Department. "AI安全的威胁风险矩阵（translated to 'Threat and Risk Matrix of AI Security')". https://share.weiyun.com/8InYhaYZ (accessed Dec. 26, 2020).

[15] "Mitigation strategy report," ETSI ISG SAI, Sophia Antipolis, ETSI-GR-SAI-005, 2021. [Online]. Available: https://www.etsi.org/deliver/etsi_gr/SAI/001_099/005/01.01.01_60/gr_SAI005v010101p.pdf.

（本文内容来自 Computer, May. 2021) **Computer**

理解智能医疗设备

文 | Joanna F. DeFranco 宾夕法尼亚州立大学
Michael Hutchinson 顾问
译 | 程浩然

胰岛素发明的一百年后，即将推出一种胰岛素自动给药的智能设备，虽然不能完全治愈疾病，但物联网科技将会帮助减轻病人的疾病管理负担。

1921年，弗雷德里克-班廷（Frederick Banting）发现了胰岛素，他每天都在拯救依赖胰岛素的糖尿病患者［1型糖尿病（T1D）］的生命。一百年后，现代研究人员将在市场上推出一种智能设备，它可以完全自动执行管理这种慢性疾病所需的复杂的维持生命的胰岛素给药方案。尽管不能完全治愈疾病，但物联网科技将会帮助减轻病人的疾病管理负担。

许多改变生活的技术拥有先进的医疗手段，如人工器官、假肢和机器人手术设备，以协助医疗机构治疗病人。然而，本文的重点是"智能"医疗设备，它们协助被诊断为慢性病的病人进行日常护理和管理，从而提高生活质量，增加安全感。

首先，我们需要回答这个问题。是什么让任何设备变得智能？换句话说，当智能这个词被添加到一个产品上时，这意味着什么？

一般来说，智能设备这个词应该是指符合某些标准或具有某种架构的电子设备。根据一些定义，智能设备只是一个具有嵌入式传感器的设备，如手机中嵌入的加速计或指纹传感器。如果在传感的同时，该设备还包括数据收集和分析，连接到一个网络（如蓝牙或Wi-Fi），并根据数据执行某种类型的驱动，我们也可以将其归类为一个物联网设备。

为了使智能/物联网技术标准这一主题更加清晰和明白，美国国家标准与技术研究所（NIST）提供了一份特别出版物（SP），定义了物联网的构建块/基元。在NIST SP 800-183中[1]，定义了物联网设备的五个基元：一个传感器（测量物理属性的东西）；一个聚合器（将收集的传感器数据转化为信息的软件算法）；一个通信通道（传输数据的媒介）；一个外部工具/eUtility（处理数据流的硬件）；一个决策触发器（执行一个行动/交易的条件）[1]，并非所有五个元素都是设备被认为是智能的必要条件。考虑到这一解释，我们将设备分为两类：基于简单监测的设备；执行复杂的活动间任务的设备。我们的目标是了解物联网如何通过以下两类设备为医疗领域赋能：收集数据和提供信息以帮助护理决策的智能设备和能够根据实时数据实现病人护理自动化的更复杂的设备。文章的后半部分将提供这两种类型的例子。

第1类：信息设备

这一类包括能聚集、分析和存储数据的医疗设备。这类医疗设备收集和分析实时的病人数据，为病人或护理人员提供更多的信息，以做出医疗决策。

例如，帕金森病是一种会导致许多身体运动问题的脑部疾病。对于这种疾病的患者，研究人员开发了一种类似手表的运动追踪设备，使用运动传感器来追踪异常运动。在跟踪的同时，病人还使用该设备记录何时服药。传感器的数据每2分钟记录一次，再加上用药日记，最终可以帮助调整用药时间[9]。如果没有这样的设备，医疗服务提供者就需要根据每三个月的病人检查快照做出用药决定。

此类别中的另一个设备是跟踪体温的智能体温计。考虑到如果用户独自生活并感到不舒服，对他来说，他也很难去跟踪自己的体温和服药时间。在另一种情况下，用户可能需要在几天内准确跟踪自己的体温。智能体温计是一种信息设备，一旦它测量了用户的体温，就会根据年龄和体温历史提供指导（以确定用户的情况是好是坏）并提供用药跟踪。部分体温计还具有存储能力，可以存储多个用户的基线温度。

智能哮喘监测（http://healthcareoriginals.com/）可以通过患者佩戴的贴片设备（含传感器）来检测症状，如咳嗽率、喘息、呼吸模式、心跳和体温。这可以通过使用药物剂量通知和提醒来帮助患者/护理人员。通过追踪的数据，患者或许能了解到哮喘触发模式。

心脏病是全球排居首位的死因，心脏捐赠者也很短缺，因此，在病人等待心脏移植时的护理方式是一个主要的研究重点。今天，在找到捐赠者之前，人造心脏只是一个临时解决方案。设备对于早期发现异常以避免长期损害或预测心脏停搏的风险也很有用。

因此，为了照顾心脏病患者和有心脏病风险的人，可穿戴设备已通过物联网进行构建与改进。例如，研究人员正试图开发一种带有心脏监测传感器的“穿戴式”设备，该设备可以插入服装面料之中，目标是建立一个专门的系统，以监测、存储并向服务器发送数据。数据从使用感应器的心脏活动监测器、移动心电图设备和其他外围设备中收集，随后由医疗专业人员进行分析，提供警报和诊断[1]。本系统使用基于智能手机的心率检测和远程监控来检测健康风险[5]。

另一种折磨着数百万人的疾病是糖尿病。有两种类型的糖尿病：胰岛素依赖型糖尿病（即T1D，其身体不生成胰岛素）和胰岛素抵抗型（2型）糖尿病。T1D是一种自身免疫性疾病，胰腺停止生成胰岛素，它通常在年轻时表现出来（平均年龄4~14岁）。2型糖尿病指身体不能有效地使用胰岛素，通常由生活方式引起，可以在任何年龄段发生（平均45岁）。T1D需要终生的全天候护理。它可以通过人工护理，每天至少刺六次手指以检查葡萄糖水平（www.jdrf.com），每天至少注射六针定量的胰岛素（两种不同类型）。人工护理是复杂而繁重的，这使得它成为护理自动化的主要候选者。

胰岛素是胰腺产生的一种重要激素，胰腺是调节血液中葡萄糖含量的器官。没有胰岛素，细胞不能吸收葡萄糖作为能量。如前所述，T1D患者需要持续监测自己的血糖、食物摄入和活动，以确定将血糖保持在正常范围所需的胰岛素量。

直到1999年，市场上才出现了一种自动检查血糖的方法。一些研究人员也在探索使用智能隐形眼镜来测量血糖水平[7]。目前，选择放弃扎手指的病人使用一种叫做连续血糖监测仪（CGM）的可穿戴设备，这是一种每5分钟向病人提供一次血糖读数的系统。该设备包括一个传感器、发射器和接收器。传感器和发射器是电连接的。传感器被插入病人的皮肤下，以测量体内的葡萄糖水平。传感器通常是一根细线或细丝，其末端涂有葡萄糖氧化酶。葡萄糖氧化酶与间质中的葡萄糖反应，产生一个电信号。该信号沿着电线传递，通过CGM上的电子装置进行转换，然后通过蓝牙传输到手机或接收器上。如果血糖水平（高或低）需要调整，警报就会响起。此外，连续血糖数据可以存储在云端，让病人或护理人员对模式进行可视化分析，以考虑为病人调整胰岛素量。

尽管不必忍受每天多次刺破手指带来的疼痛，CGM设备佩戴起来也并不舒服，而且对于喜欢运动的人来说，它可能很难使用。尽管这些设备是防水的，但在多汗的情况下，它们会被撞掉或变得松动。然而，考虑到矫正警报，其好处是它可以令人安心，特别是在睡觉时，可以更好地管理血糖。

第2类：自动化病人护理

全自动物联网医疗设备有两个完美的例子：心脏起搏器和闭环胰岛素输送系统。心脏起搏器是一个通过手术植入的设备，当出现心律失常（不规则的心跳）时，它可以帮助控制心跳。新一代心脏起搏器使用物联网架构系统，其中嵌入式传感器监测病人的生命体征（呼吸、窦房结率和血液温度）。当检测到异常时，病人的心率会被改变（减慢或加快），这取决于病人当前的活动水平。此外，病人现在能够通过移动设备访问自己的数据，检查电池寿命以及心率和活动水平之间的相关性。过去，这些需要咨询医生[4]。第二个智能医疗设备的例子要复杂得多，因为T1D需要全天候的治疗。闭环胰岛素输送系统也被称为人工胰腺或仿生胰腺，使用物联网架构来控制胰岛素的输送，如前所述，这是患者生存所必需的。这类设备的最大风险是：如果剂量太大，病人的生命就会受到威胁（因为低血糖）；如果剂量太少，病人的器官可能被损坏（因为高血糖），而且其他自身免疫性疾病的风险也可能增加。当T1D患者使用针剂治疗（无泵）时，他们需要两种类型的胰岛素：长效（也叫基础）和快效（也叫快注）。

挑战在于，一个人一天中需要的胰岛素量是不同的，这取决于许多因素

为了使一个人的血糖水平保持在正常范围内，投药量取决于所吃食物的数量和类型、体型、激素水平、活动、当前的健康状况、一天中的时间、当前体内的胰岛素量，甚至有时还取决于天气（https://www.diabetes.co.uk/）。另外，请记住，大多数T1D患者是在幼年时被诊断出来的，所以可以想象护理人员在计算/预测孩子的活动水平时有多困难。

T1D患者可以通过注射器/胰岛素笔来配制所需的胰岛素，这需要根据上述因素进行人工预测和计算，或者他们可以使用胰岛素泵和输液器来配制，这是一种在皮肤下注射胰岛素的微小导管（每3天更换一次）。患者通过程序来计算胰岛素的剂量，但泵仍然需要手动输入数据，以便在进食时或纠正高血糖时进行剂量计算。换句话说，用户需要手动将血糖读数输入泵中。

如何将泵变得智能？两种设备（CGM和泵）都由病人佩戴，CGM可以以无线方式将血糖水平直接传送到泵上。这种数据连接形成了闭环，自动输送一些所需的胰岛素。具体来说，泵收到CGM数据，使用一种算法来检测葡萄糖水平何时上升或下降。

CGM 读数将落后于实际的血糖读数，因为葡萄糖水平到达间质需要时间。因此，泵软件中的算法通过对数字上升或下降时的斜率的陡度进行相互预判来说明这种滞后。然后，根据葡萄糖的变化趋势，胰岛素泵将自动释放胰岛素以应对血糖的飙升，或在血糖水平下降时减少基础胰岛素的使用。请注意，由于泵中只能储存一种胰岛素，因此，快效胰岛素是按照预先规定的时间间隔给病人注射的，其效果与长效胰岛素用针头注射一次的效果 "相同"。然而，病人仍然必须在进食时注射胰岛素，因为所需的胰岛素会根据食物中碳水化合物的多少而变化（由于并非所有碳水化合物的消化方式都相同，因此又是一种复杂性）。这个系统仍然需要在病人食用食物时手动输入数据。

这些系统越来越智能，最近增加的一个功能是可以从移动电子设备上查看泵的状态，并与护理人员共享。这让照顾患 T1D 儿童的护理人员感到非常安心。想象一下这个功能在夜间、孩子不在家或在足球场上时的重要性。父母会收到警报，并可以通知孩子的看护人。较新的系统也有针对活动和睡眠的设置，因为病人可能希望减少胰岛素以避免出现危险的低血糖。其中一些设备还具有预测血糖水平的算法，可提前30分钟开始调整基础胰岛素设置或用于纠正高血糖的推注，这些都是基于CGM的读数。

这种闭环的胰岛素给药系统是有效的。然而，如果它能解决T1D护理中最沉重的负担，即不仅要报告膳食情况，还要在大量活动尤其是进餐后保持正常的血糖范围，那么未来它就可以完全自动化。此外，一些青少年经常忘记进餐[6]。未经处理的膳食和计算错误的碳水化合物（计算通常是有根据的猜测）会导致高血糖症（高血糖），而基于错误的碳水化合物计数的过量服用会导致低血糖症（低血糖）[10]。因此，正如本文开头所述，研究人员正在开发一个完全自动化的物联网胰岛素输送系统，通过添加一个模块来检测未通知的膳食，从而消除每餐的碳水化合物输入的人工操作。研究人员正在研究使用CGM数据来自动检测膳食。他们已经开发了几个系统，目前正在测试算法和方法，以根据CGM读数的变化来检测进餐情况[6,8,10,13,14]。有些算法是用模拟数据测试的，有些是在病人身上测试的，并在进餐后的葡萄糖控制方面有所改善。目前的挑战仍然是葡萄糖水平进入间质的滞后性。理想情况下，需要一种无创的方式来快速检测血液中的葡萄糖水平。

软件安全及保障

与所有的创新技术一样，智能医疗设备在安全保证和信任方面带来了新的挑战[12]。医疗设备软件与物理系统互动，具有重大的安全意义，因此需要广泛的测试和保证。除了安全，安保风险也是一个重要的问题，因为这些设备通常都是联网的。风险/效益是美国食品和药物管理局的最大关注点。例如，在你调整基础胰岛素水平之前，你从CGM得到的数字需要100%可信。在吃饭时自动给药之前，还需要另一个层次的先进性。任何自动调节剂量水平的自动物联网给药设备的开发都需要进行全面的风险/效益评估。

许多组织正在确定这一领域适当的安全和安保实践，并且已经提出了一些建议[2,3]。此外，在某些方面，既定的要求可能不合适。特别是使用各种神经网络算法的机器学习可能会在某些时候被纳入医疗设备的应用中。需要强大的代码结构覆盖率的安全关键评估过程可能无法提供足够的保证，因为神经网络的正确性和安全性取决于训练算法时使用的输入数据。为

关于作者

Joanna F. DeFranco 美国宾夕法尼亚州立大学软件工程副教授。联系方式jfd104@psu.edu。

Michael Hutchinson 医疗设备行业顾问。联系方式：mlnvhutch@msn.com。

解决这些新的挑战，需要进行广泛的研究。

篇文章的目的不是要提出一份物联网医疗设备的详尽清单，而是为了促进对需求的理解并展示对慢性病患者具有巨大潜力的生活质量改善。此外，我们还指出了一些必须解决的问题，因为面向消费者的医疗设备不再是提供信息，而是治疗患者。其快速的发展显示了改善全世界数百万患者生活的巨大潜力。C

致谢

感谢Rick Kuhn和Matthew Scholl为本文提供的宝贵意见。

参考文献

[1] A. Brezulianu et al., “IoT based heart activity monitoring using inductive sensors,” *Sensors*, vol. 19, no. 15, p. 3284, 2019. doi: 10.3390/s19153284.

[2] T. Haigh and C. Landwehr. “Building code for medical device software security.” IEEE Cybersecurity. https:// ieeecs-media.computer.org/ media/technical-activities/ CYBSI/ docs/BCMDSS.pdf (accessed Mar. 1, 2021).

[3] Medical Devices, ISO 13485. [Online]. Available: https:// www.iso.org/ iso-13485-medical-devices.html.

[4] J. Horwitz. “Medtronic debuts first apps to let heart patients monitor their pacemakers.” Jan. 16, 2019. VentureBeat. https://venturebeat .com/2019/01/16/medtronic-debuts-first -apps-to-let-heart-patients-monitor -their-pacemakers/.

[5] A. K. M. Majumder, Y. ElSaadany, R. Young, and D. Ucci, “Energy efficient wearable smart IoT system to predict cardiac arrest,” *Adv. Human-Comput. Interact.*, vol. 2019, no. 3, pp. 1–21, 2019. doi: 10.1155/2019/1507465.

[6] E. Palisaitis, A. Fathi, J. Oettingen, A. Haidar, and L. Legault, “A meal detection algorithm for the artificial pancreas: A randomized controlled clinical trial in adolescents with Type 1 diabetes,” *Diabetes Care*, vol. 44, no. 2, pp. 604–606, 2021. doi: 10.2337/dc20-1232.

[7] J. Park et al., “Soft, smart contact lenses with integrations of wireless circuits, glucose sensors, and dis- plays,” *Sci. Adv.*, vol. 4, no. 1, pp. 1–11, Jan. 2018. doi: 10.1126/sciadv. aap9841.

[8] S. Samadi et al., “Automatic detec- tion and estimation of unannounced meals for multivariable artificial pancreas systems,” *Diabetes Technol. Ther.*, vol. 20, no. 3, pp. 235–246, 2018. doi: 10.1089/dia.2017.0364.

[9] J. Talan. “How a watch-like device is monitoring Parkinson’s disease progression neurology today.” Neu- rology Today. Aug. 22, 2019. https:// journals.lww.com/neurotodayonline/ Fulltext/2019/08220/How_a_Watch _Like_Device_Is_ Monitoring _Parkinson_s.8.aspx.

[10] E. Villeneuve et al., “Increasing the safety of unannounced meal detection for artificial pancreas closed-loop with patient’s hourly meal schedule,” in *Proc. Annu. Int. Conf. IEEE Eng. Med. Biol. Soc.*, July 2020, pp. 5093–5096. doi: 10.1109/ EMBC44109.2020.9176470.

[11] J. Voas, “Networks of ‘Things’,” NIST, Gaithersburg, MD, NIST Special Publication 800-183, July 2016.

[12] J. Voas, R. Kuhn, P. Laplante, and S. Applebaum, “Internet of Things (IoT) trust concerns,” NIST, Gaithers- burg, MD, 2018. [Online]. Available: https://csrc.nist.gov/publications/ detail/white-paper/2018/10/17/ iot-trust-concerns/draft.

[13] F. Zheng, S. Bonnet, E. Villeneuve, M. Doron, A. Lepecq, and F. Forbes, “Unannounced meal detection for artificial pancreas systems using extended isolation forest,” in *Proc. Annu. Int. Conf. IEEE Eng. Med. Biol. Soc.*, July 2020, pp. 5892–5895. doi: 10.1109/EMBC44109.2020. 9176856.

[14] M. Zheng, B. Ni, and S. Kleinberg, “Automated meal detection from continuous glucose monitor data through simulation and explana- tion,” *J. Amer. Med. Informat. Assoc.*, vol. 26, no. 12, pp. 1592–1599, 2019. doi: 10.1093/ jamia/ocz159.

（本文内容来自Computer, May. 2021）**Computer**

趋向具象智能：正在兴起的智能物品

文 | Arne Bröring, Christoph Niedermeier　西门子股份公司
Ioana Olaru　德国对话研究所
Ulrich Schöpp　Fortiss GmbH
Kilian Telschig, Michael Villnow　西门子股份公司
译 | 闫昊

具象智能将通过提供实体来释放人工智能的潜力，并影响生活的方方面面。采用具象智能市场的成功取决于解决随之而来的技术、法律、经济和社会问题。

在接下来的20年里，具有人工智能(artificial intelligence，AI)的新一类网络物理系统将几乎影响到每个领域。在这篇文章中，我们列举了一系列此类系统的例子，包括城市(从能源分配到自动驾驶的各个方面)、通过可穿戴设备或植入式设备等技术支持的健康生活、未来的生产(例如微型工厂或食品生产)。所有这些例子都有一个共同的事实，即它们包含了具象智能(embodied intelligence，EI)。

我们将EI定义为兼具物质层和认知能力的实体，可以感知和考虑身处的环境并对其采取行动。通过参考各种人工实体，我们的EI概念扩展了Floreano 等人的定义，他们将EI描述为机器人中AI的出现，在其各自的环境中充当具象行为智能体[1]。此外，与Cangelosi等人相比，我们改变了EI的范围，Cangelosi等人将EI定义为一种研究领域和设计方法，用于研究位于其环境中并受自身身体、感知能力和物理技能限制的具象智能体的智能行为[2]。

市场变革的驱动力以及EI概念和应用的推广是我们这个时代的重大挑战，并与五大趋势有关。

（1）人口变化：全球人口预计将继续增长，特别是在发展中国家(到2050年将达到近100亿人口)，以及老龄化问题(例如到2050年，65岁以上人口的数量将是5岁以下儿童数量的两倍左右)[3]。人口结构变化的主要挑战是人口老龄化和相关疾病的影响以及世界人口资源的缺乏[4]。

（2）城市化：预计到2030年，全球将有43座特大城市(2018年为33座特大城市)，这给基础设施带来了巨大压力[5]，并导致环境退化、不平等加剧、城市扩张和城市成本上升。

（3）气候变化、污染和资源短缺：人类消耗的资源超过了地球的再生能力。到2030年，全球能源需求将比2015年高出17%，到2050年，预计68%的人口将生活在水资源紧张或缺水的地区[6]。

（4）全球本地化：虽然几十年来全球化一直在塑造市场和供应链，但最近，各国的政治力量反对这一概念，使其更加强调本地化（例如英国脱欧）。此外，COVID-19的大流行表明了一个挑战，过长的国际供应链缺乏弹性，价值创造必须重新分配。

（5）数字化：通过信息和通信技术将物理世界与数字世界结合起来，这对许多商业模式的转变产生了广泛而迅速的影响，并日益扰乱现有市场。

这五大趋势都在重塑全球经济和社会，并推动技术发展。它们对教育、卫生和工作系统、能源供应以及食品生产和运输构成了挑战。对于企业而言，数字化带来了新的挑战，也带来了新的机遇。重大机遇包括优化流程、通过数字平台接触众多用户以及定制产品服务系统以全面满足特定需求（例如汽车共享）的可能性。重新思考产品服务组合并适应其生态系统的变化是数字化转型的关键要素。

考虑到这些大趋势，EI即将登台。随着数字化的发展，物理世界和数字世界的融合导致物理设备的智能增加，走向更智能和更自主的行为。这类设备显示出物理功能的紧密集成，例如传感和驱动、感知和交互功能，以及支持决策和学习的AI算法(参见图1)。除了这些能力，EI还必须有一个目标，为它的自主行为提供指导。像自动驾驶汽车这样的智能事物是一种EI，它既有一个带有传感器和执行器的“身体”，也有一个与该身体紧密相连的“大脑”。此外，我们设想一个所谓的协同智能系统(collaborative intelligent system，CIS)，由至少两个相互协作的智能物组成，从而可能形成更高水平的EI(例如智能工厂、智能家居和智能城市)，并有一个共同的目标。虽然今天这样的系统是预先设计的，但我们预计未来的CIS将是自主组成的(自组织CIS)。

EI的概念与数字孪生密切相关。然而，Kritzinger等人定义的数字孪生是数字和物理对象的组合[7]。Brenner等人得出的结论是，数字孪生可以描述为物理事物（例如机器或整个制造工厂）的数字副本，可用于了解产品设计和运行时的真实行为[8]。相反，我们将EI视为一种网络物理对象（例如自动驾驶汽车），它通过人工智能和物联网(Internet of Things，IoT)的结合将物理和数字相结合。这是一个非常有前途的研究领域交叉点，正如 García 等人所确定的那样，他们预测了一个充满机遇的新世界，并且仍然需要进行大量研究[9]。

导致EI出现的几项技术发展目前正在进行中。因此，了解大趋势与EI的相关性及其对市场和应用的影响非常重要。

健康生活方向的EI

由于人口结构变化的大趋势，老年人和长期护理

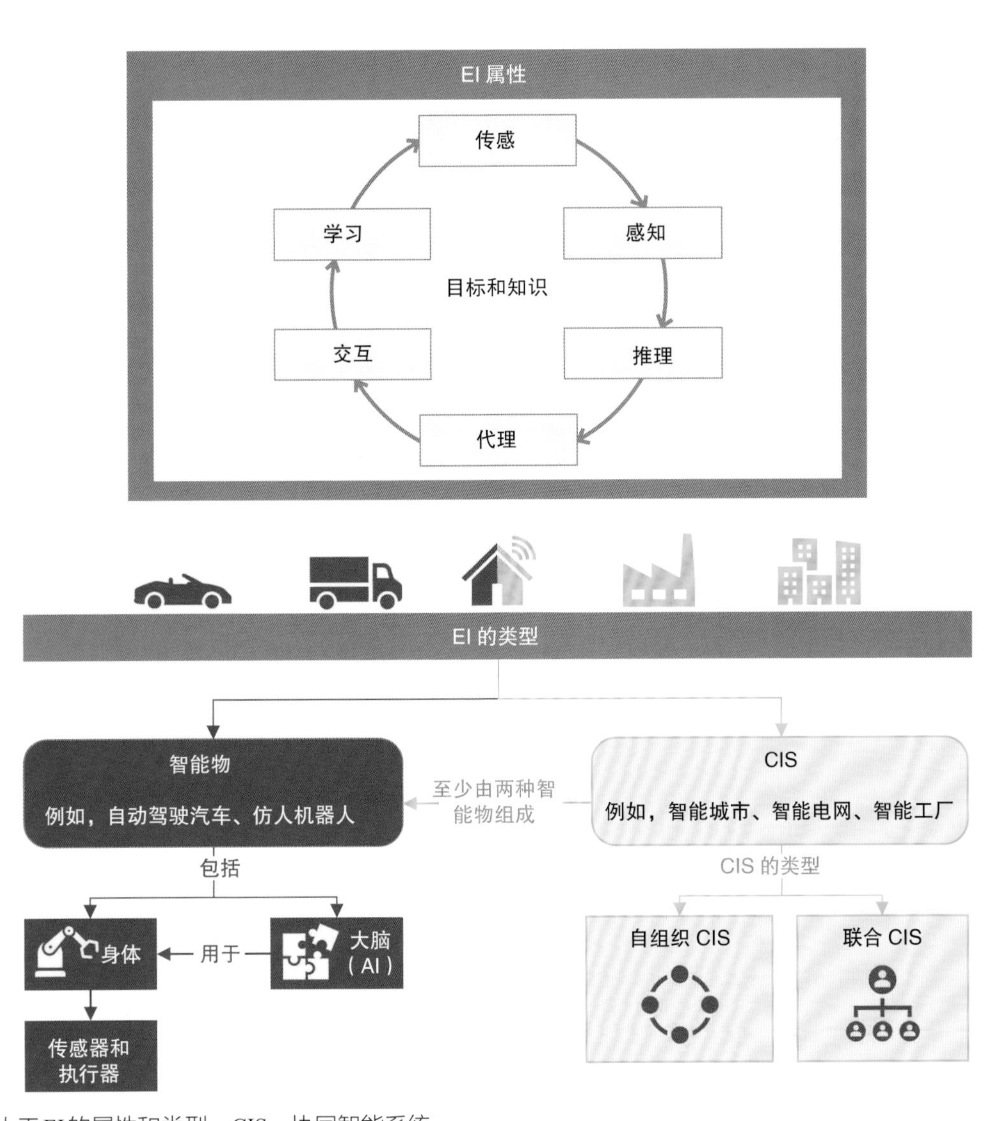

图1　人工EI的属性和类型。CIS：协同智能系统

正迅速成为最重大的卫生保健挑战之一。据Haseltine称[10]，2015年至2030年间，全球60岁及以上人口预计将增长56%，从略高于9亿增至近15亿。由于老年人特别容易受到疾病的影响，更健康的生活方式预防疾病以及及早诊断和治疗疾病对于控制卫生保健系统的成本至关重要。

EI将在多个方面帮助应对以上挑战：智能可穿戴设备不仅将越来越多地支持人们跟踪和改善他们的健康状况，参与社交活动，还将有助于预防更严重的疾病，并为有效诊断和治疗疾病提供支持，这是称为智能医疗(smart healthcare，SH)的更大努力的一部分。日常生活中的机器人将越来越能够承担正常的家务工作，甚至为残疾和虚弱的人提供基本护理。由于这些发展，老年人和残疾人可以继续住在自己的家里，而不必搬到昂贵的疗养院。

由于低成本传感器、无线网络、活性材料和能源等关键使能技术的不断进步，军事和医疗保健行业已使用多年的可穿戴技术越来越多地出现在主流消费产品中。在部件小型化，以及与医疗保健、健身、信息和社交等关键现代趋势相互连接的能力的推动下，市场上的可穿戴设备的数量越来越多，例如智能手表、健身追踪器、智能眼镜或耳戴式设备。2020年至2027年间，可穿戴技术市场将以15.9%的复合年增长率（compound annual growth rate，CAGR）增长[11]。到2027年底，可穿戴技术市场规模将达到1040亿美元。

预计COVID-19危机将显著推动可穿戴市场的进一步发展。随着部件变得越来越小，可穿戴设备变得更加高效和强大[12]。未来的智能可穿戴设备将更具感知力和适应性，即能够感知和分析用户的情况，并学习如何适应不断变化的行为和需求。此外，可穿戴设备将是多点的，即多个传感器和设备将协同执行越来越复杂的任务。最终，可穿戴设备将与智能家居或智能办公室等环境无缝交互。以下示例说明了EI对智能可穿戴设备的颠覆性潜力：

（1）植入的智能微型设备将自动监测和影响生理参数，如心率、血糖水平等。在机器学习和推理的基础上，将能够考虑到一个人的条件和行为的变化，并制定出如何适当调整他们的行动的策略。

（2）可穿戴设备和其他设备（智能手机、智能家居等）的关联可以形成分布式EI系统。例如，私人教练无人机将能够跟随或引导运动员（如徒步旅行者、跑步者或骑自行车者），同时监测他的心率、呼吸频率、血压和体温，以及由可穿戴传感器支持的跑步速度、步长和步频。无人机可以充当教练、导游和标兵。它甚至可以根据训练目标、运动员的健康和表现以及天气情况自主决定运动员要采取的路线。特别是，它的任务是观察心率是否有过度劳累或脱水的迹象，并通过适当地指导运动员来防止不健康的行为。

面对这些发展，出现了以下问题：可穿戴EI的使用将如何影响人类在家、工作和公共场所的行为和互动方式？此类设备的无处不在会产生哪些心理、社会和法律影响？哪些价值主张是可行的，需要什么样的生态系统来实现这些价值主张？必须考虑和减轻哪些挑战和风险（例如关于安全和隐私）？

SH表示未来的健康服务系统，利用可穿戴设备、IoT、移动互联网等技术动态获取信息；连接与医疗保健相关的人员、资源和机构；然后以智能方式积极响应医疗需求。SH在疾病预防和监测、诊断和治疗、医院管理、健康决策和医学研究等医疗保健方面采用各种先进技术（例如IoT、5G、人工智能或现代生物技术），以帮助利益相关者做出明智的决定并促进资源的合理分配。

智能可穿戴设备与量化自我技术相结合，有可能成为未来SH的基石。SH的一个关键要素是能够通过使用AI算法关联和分析大量非结构化数据，这些算法支持预测、警报以及采取纠正和主动行动。

2019年全球可穿戴医疗设备市场价值为106亿美元，预计到2030年将达到672亿美元，2020年至2030年间的复合年增长率为18.3%。正在开发的SH应用示例如下：

➢ 使用智能监控系统进行癌症治疗。
➢ 智能血糖监测和胰岛素笔。
➢ 闭环（自动）胰岛素输送。
➢ 连接式吸入器。

- ➤可吸收的生物传感器。
- ➤联网的隐形眼镜。
- ➤智能手表应用程序监测抑郁症。
- ➤凝血试验。
- ➤哮喘监测器。

虽然这些应用需要一些智能来分析医疗数据、提出合理的措施或执行适当的行动，但EI系统在医疗保健中的颠覆性潜力在于自主医疗机器人。我们设想机器人能够持续监测患者的健康状况（由医疗可穿戴设备支持）、自主执行诊断和治疗（不仅在紧急情况下），并在需要时让人类医务人员参与。自主手术机器人是一种专门的、更先进的医疗机器人形式，未来不仅可以辅助甚至取代人类外科医生。医疗机器人的引入对于弥补医疗保健人员短缺至关重要，随着65岁或以上人口比例的增加，这种短缺将变得越来越严重。

关于SH未来的关键问题如下：是否会出现医疗保健分散化的范式转变，即诊断和治疗是否会越来越多地发生在医院之外的家中？如何保障此类系统的安全和保障？将收集哪些个人数据，如何防止滥用这些数据？医院、医生、医疗保健服务提供商和设备供应商如何合理合作？需要哪些规则和法规来确保SH生态系统的顺利和安全运行？

日常生活机器人是未来10~15年最具影响力的创新之一，将EI应用于日常生活情景。这些网络物理系统将在开放、动态的环境中提供和利用数字和物理产品(数据、能源、辅助等)。虽然日常生活中的情况对人类来说是可控的，但它们是机器人面临的最困难的问题之一。由于它们的非结构化性质，几乎不可能明确地描述(即编程)预期的行为。相反，感知、规划和执行必须使用基于对预期环境的假设的统计方法来实现，这具有挑战性且容易出错。

然而，目前人工智能的进步——以自动驾驶为例——表明机器人可能很快就会广泛应用于各种情况。例如，机器人助手可以为家里的老人洗碗、打扫浴室或做其他简单的辅助工作。机器人甚至可以在急诊医生到来之前提供急救。随着价格的降低，机器人厨师和服务员可能会像机器人购物助手一样被雇佣。一旦这些机器人能够在公共场所进行操作，就可以建立越来越多的应用领域。

我们相信所有这些例子都将在几年后成为可能。为了接受这些机器人，人类理解和信任它们的行为非常重要，特别是如果机器人与人类互动（不仅通过用户界面，而且通过自然语言、手势或动作）。或许，这意味着协作式日常生活机器人的行为必须与人类相似。最后，我们认为这是最重要的问题之一，机器人是否必须服从每一个人，只要它不伤害任何人。

城市方向的EI

EI正在成为解决城市化挑战的重要工具，例如，公用事业网络的CIS。通过IoT和AI在EI中的耦合，城市内的事物可以表示为EI（如公用事业或移动网络），以帮助城市应对人口密度上升带来的挑战。例如，将城市交通网络的传感器和执行器（如交通信号灯控制器）与AI数据分析相结合的EI可以优化交通管理。此外，公用事业网络（如供水）可以在EI中表示以实现自我调节（如优化水压）、自我诊断（如监测水压和质量），以及消除故障的步骤。

智能电网可以帮助优化能源生产、消耗和成本(基于能源供应、需求和价格预测)，并通过自动检测自身状态在需要时采取维护和维修的第一步(如发送通知)，从而提高能源网络的可靠性和能源供应的安全性。全球能源生产正在向风能、光伏、水力发电或地热能等可再生能源转变。这些能源更多的是通过小规模的分布式发电厂来开发的。这一趋势推动了对先进电网基础设施的需求。

在利用传感器和基于软件控制的数字化的推动下，用于构建智能电网基础设施的新技术不断涌现。2018年至2023年间，智能电网技术市场预计将从238亿美元增长至613亿美元，复合年增长率为20.9%[15]。因此，一个关键因素是利用消费者和公用事业之间的双向通信。也就是说，智能电网系统可以访问有关当前电力需求和供应的数据，智能电表是此类系统的核心部分。

从长远来看，我们预测智能电网将朝着以EI为代表的CIS的集合发展。电网管理者和这个CIS之间将有一个交互中心点，它将实施自主行为，促进能源的有效利用和电力生产。因此，智能计量设备将充当此类智能电网EI的神经系统。这方面的关键问题与政治和组织层面有关，而不是技术问题。例如，我们如何绕过目前阻碍智能电网基础设施之上的开放平台和生态系统的制度障碍，使这种EI在商业上可行？这涉及访问相关数据（如来自不同智能电网来源）的可行性问题。

在发展中经济体当中，能够消除对广泛公用事业网络需求的智能设备是一个具有巨大市场潜力的应用领域，在这些经济体中，财政资源的缺乏阻碍了基础设施的投资。例如，光伏系统已经允许在消费点发电。用于废物处理、水过滤或从废物中取水的设备不仅有助于减少基础设施网络的成本，还有助于解决污染和水资源短缺问题[16]。取消公用事业网络可以更快、更灵活地扩大电力、供暖和淡水供应。

城市EI的另一个领域是公共服务。这种类似狗的远程控制机器人已经在新加坡人口密集的地区巡逻[17]，帮助加强社交距离，很可能是智能机器人的先驱，在未来的城市中，智能机器人将帮助确保安全，或做各种重复的家务(如街道清洁)。

自动驾驶汽车可能是EI最知名的应用。到2030年，全球无驾驶员手动干预的全自动汽车市场规模预计将达到950亿美元；到2035年，预计将达到2600亿美元左右[18]。在未来，自动驾驶汽车可能能够连接到汽车共享平台，并相互通信，以最佳方式搭载旅行者并将其带到目的地。自动驾驶汽车本身甚至可以成为产品和服务植入的平台。

自动驾驶汽车和公共汽车的混合可以确保更好的公共交通，不仅在城市，而且在农村地区，增加农村地区的吸引力；这甚至可能扭转城市化的趋势，使更多的人留在或迁移到农村地区。智能公交在农村地区的优势在于降低了公交运营商的人力成本(不需要司机)。更多的自动驾驶公交车可以以与人工驾驶公交车相似或更低的成本行驶，因此，在乘客数量少的地区，它们有可能显著改善公共交通服务，因为这些地区的盈利能力目前太低，公交车无法按照需求经常出行。

更高效的公共交通和自动驾驶出租车或汽车共享的使用将会减少道路上的车辆，从而缓解交通拥堵。从汽车生产商的角度看，随着汽车使用强度的增加，汽车的平均寿命会减少，因此，道路上的车辆减少并不一定意味着对车辆的需求减少。

自动驾驶汽车带来的新移动模式的另一个优点是没有停车场，这为其他用途提供了额外的空间。自动驾驶汽车不仅有助于解决交通拥堵和公共空间不足等城市化问题，而且还可能降低服务和保险成本(因为事故更少)，并通过车身更轻(抗冲击能力更低)而节省生产成本和提高设计灵活性。

推动自动驾驶汽车普及的另一个优势是能源消耗的降低。例如，众所周知，组队驾驶(在车对车通信的帮助下，成群结队或车队行驶)可以提高效率和交通流量。

人们可以通过工作、阅读、吃饭等方式，以比开车更有成效的方式来度过旅行时间。自动驾驶汽车不仅会重新定义人们的出行，还会重新定义物流业，因为它们为货物、能源、水和原材料的运输开辟了新的可能性。

城市中自动驾驶汽车的另一个例子是垃圾收集车。由于不需要司机监督，它们可以在不停车的情况下在一天/一周内工作更多小时，这意味着道路上需要的卡车更少。

智能、全自动的汽车在不远的将来就会出现。由于多家公司正在研究这项技术，它们预计将在21世纪20年代末投入使用。自2020年10月以来，经过多年的实际道路测试，Alphabet子公司Waymo已经在美国亚利桑那州凤凰城向公众提供了完全无人驾驶服务(汽车中没有人类驾驶员，但汽车仍由人类远程监控)。

自动驾驶汽车的应用给汽车行业和政策制定者带来了一系列问题。谁将对无人驾驶汽车造成的事故负责？自动驾驶汽车的商业模式会是什么样的？合作伙伴和竞争对手的生态系统将会是什么样子？

CIS和智能设备为更好地规划城市可支配的资源、节约资源和减少二氧化碳排放打开了新的机遇。然而，在通往未来城市的道路上，有许多问题需要回答。不同组织拥有/运营的各种智能物和CIS如何相互通信，不同的系统如何集成？需要哪些法律上的改变，应该如何引入？数据隐私问题是什么？应该如何解决这些问题？

生产方向的EI

三个选定的与生产相关的发展显示了EI对全球本土化和资源匮乏的大趋势的潜在影响：微型工厂、作为服务的生产和未来的粮食生产。

微型工厂将实现生产的去中心化和个性化，这在以前是不可能的。目前，大多数制造业要么是工业制造，要么是手工制造。工业制造可以大量生产标准品。然而，建立工业生产运行需要大量的前期投资，因此需要商业风险。手工制造，即手工生产定制产品，更好地满足了客户的需求，但它很昂贵，而且规模小。微型工厂旨在填补工业生产和手工生产之间的空缺[19]。新产品可以在微型工厂中批量生产(成百上千件)，在迈向工业化生产之前测试它们的适销性，这需要大量的前期投资，并伴随着相关的风险。

其理念是建立接近客户的小型化生产系统，以实现个性化产品的分散生产。微型工厂的概念早在20世纪90年代就已经被提出，当时制造机器的小型化成为可能。最近的发展是由数字技术的进步推动的，例如3D打印机、3D扫描仪、生产软件、计算机数控机床或激光切割机。然后，通过EI代表这样的微型工厂，并使用IoT和AI，使得灵活、高效的产品制造变得容易。智能物联网的进展将推动高度定制化产品的分散生产，以满足当地需求，并缩短交货时间。第一个例子是汽车行业的Local Motors和纺织行业的Adidas Speedfactory。

工业IoT、AI和微工厂技术的进步推动着生产，或者说是服务，工厂内的东西，如智能机器人(年增长率为19.6%[20])和无人驾驶飞行器(年增长率为15.5%[21])，变得越来越灵活和适应性更强。如今，这些机器被用来节省工程时间。在未来，自主生产单元中的EI以及自主内部和内部物流中的EI可以实现多种产品的全自动化生产，只需一份材料清单和一份工艺清单。在这样的未来，产品可以独立于计划、执行和维护其生产的过程进行数字化设计和优化，因此，生产变成了一种服务。生产工作负荷可以灵活地分配给世界各地的智能工厂，这样新产品就可以“上线”，并立即根据需求进行扩展，就像云服务一样。由于规模经济，作为服务的生产甚至可能变得比特定于产品的大规模生产更快、更便宜。

制造业至少占全球国内生产总值的15.2%[22]。下面的过渡场景展示了EI如何逐渐颠覆这一领域。最初，制造商不会让他们的工厂变得比他们特定的生产问题所需的更智能。然而，对于产品种类繁多的公司(如拥有自己产品的零售贸易公司)或复杂的价值链的公司(如汽车行业)，智能工厂可以降低成本并提高适应速度。

成熟后，智能工厂可能会向第三方产品设计师开放，从而从内部重用转向外包，形成共享工厂的生态系统。然后，它们可以通过集成平台连接起来(解决多工厂问题)。最后，智能工厂可能由国家或市政企业提供，作为当地公民公共基础设施的一部分。

考虑到这样的情况，就会出现多个问题。例如，如果到2035年，80%的制造业可以完全实现服务化，情况会怎样？谁将(能够)建设和运营这个基础设施，以及在哪里实现？关键技术和竞争力有哪些？哪些(新的)商业模式和分配机制可以确保每个人(全球的产品开发人员、制造商、技术提供商和消费者)都能从这些进步中受益？数字化生产将如何改变我们共同工作和生活的方式，甚至改变我们的价值观？

就未来粮食生产而言，到2050年，世界人口增长将带动粮食需求增加50%。由于发展中国家的日益繁荣，食品成分的构成将向更多以肉类为导向的饮食转变，导致这一时期对肉类和肉制品的需求增加88%。然而，全球只有3%的热量消耗来自肉类，二氧化碳平衡相对较差，所有热量的50%只来自三种植物性食物来源——大米、小麦和玉米[23]。因此，全球卡路里需求只能由经过优化的传统农业中的基本食品来满足。

因此，有三个主要问题需要解决：增加主食基本原料的生产，想方设法提供更多肉类或肉类替代品，以及提高食品生产质量以增进健康。为了满足这些需求，需要转变范式，从稳步增加的大规模生产转向以需求为导向、以预测为基础的食品生产，并以可持续和优化的工艺、气候中性生产、适应性加工和自主配送为支撑。这只能通过使用AI和EI使当地的粮食生产更加智能才能实现。

如今，现代数字农业使用GPS控制的耕地自主耕作来最大限度地提高产量。使用具有图像识别功能的无人机对害虫和杂草进行特定的、优化的控制，可以有针对性地使用杀虫剂。在精准农业的背景下，由于这些地区大多土壤条件不均匀，因此使用了特定区域的田地种植。通过自主农业机器人测量土壤的湿度和温度，结合使用卫星图像和AI，可以优化生长条件。现在已经知道，AI辅助灌溉可以大大减少水和肥料的消耗[24]。

对于未来，我们提出通过使用AI进行预测来减少食物浪费，并减少作为生态平衡最差食物的肉类消费。新的区域生产流程，例如试管肉类、肉类替代品等，将独立于传统的畜牧业。智能需求管理可以优化食物的本地和时间分配。最后，在家庭机器人的支持下，提高食品质量可以改善人们的健康状况，这些机器人可以准备个人膳食并可持续地替代不健康的速食食品。

未来的工作

我们预测，在接下来的十年中，在专用AI系统（针对特定应用）的进一步发展和显著益处的潜力（在前面的部分中讨论过）的推动下，EI将开始成为日常生活的一部分。因此，在本文中，EI的影响将通过一些与全球挑战相关的主题进行讨论，这些全球挑战被确定为欧洲委员会即将进行的“地平线欧洲”研究计划的集群(例如健康、数字工业、能源和食品)[25]。这些集群定义了与EI相关的各种融资领域（从AI到下一代互联网），以应对全球挑战和欧洲产业竞争力。

EI是技术发展的合乎逻辑的下一步，可能有助于解决我们面临的巨大的社会和经济挑战，这些挑战源于所描述的大趋势。一般来说，EI与数字化是齐头并进的。微型工厂和生产即服务支持全球本地化，并通过提高当地中型生产的效率来帮助解决资源稀缺问题。能够照顾家务并提供基本医疗保健的机器人可以帮助老年人在自己的家中(而不是养老设施)活得更长，从而帮助应对人口老龄化的挑战。可以消除对基础设施需求的新形式的智能事物，以及CI(如电网和水网、智能家居和智能城市)可以帮助解决资源稀缺(通过资源优化)和气候变化问题，并有助于优化日益拥挤的城市的消费、交通和公共服务。

EI不仅有助于应对大趋势带来的挑战，而且具有扭转某些大趋势的潜力。例如，EI消除了对基础设施、远程办公和自动驾驶汽车的需求，可能会减缓城市化进程，甚至导致相反的大趋势——人们返回农村地区。当然，所描述的大趋势正在影响着地球上人类生活的各个方面，而所设想的EI技术只能有助于解决这些问题。例如，气候变化是一个需要政府间采取措施减少化石燃料消耗的问题。尽管EI可以通过支持更高效的电网来对此做出贡献，但大量的二氧化碳减排将通过可再生技术实现。类似地，EI可以是各个领域的使能技术，例如，支持老龄化社会或更好地管理城市化压力下的城市资源。尽管如此，所描述的大趋势需要整体的社会方法来解决。

我们将EI定义为一个综合了AI和IoT技术的综合概念，具有巨大的潜力[9]。与此同时，尽管这两个领域近年来取得了长足的进步，但仍有各种技术挑战需要解决，比如更高效的人工智能算法和计算设备，以及在有限的计算能力下处理收集的数据[26]。由于这些遗留的技术问题，EI目前是一种愿景，需要这两种技术进一步成熟，才能真正实现前面介绍的应用，例如自动驾驶汽车、人工健康顾问和其他例子。

除了未来的技术挑战外，企业、政府和整个民间社会仍然面临着与EI相关的巨大挑战，概述如下：

（1）自决问题：EI的“自由决定”限制是什么？用户可能对完全信任自主设备犹豫不决。此外，法律框架可能需要有一个人参与循环的自动系统。例如，可能不允许医生将她的患者完全委托给人工健康顾问，但仍需要完全访问患者的传感器数据并参与相关决策。

（2）运营安全和数据安全：如何保障EI及其环境的安全和数据安全？这在用户生命受到威胁的应用中尤为重要（例如在与机器人或自动驾驶汽车的交互中）。在自主设备和机器确实伤害用户的事件中，这些通常会导致信任的巨大挫折。

（3）隐私和数据所有权问题：如何确保数据隐私？数据隐私是EI面临的另一个重要挑战，因为用户越来越意识到谁将能够使用EI收集的海量数据。特别是，对于个人健康和行为的数据保护至关重要。

（4）标准和监管问题：需要哪些规则来确保EI及其周边生态系统的平稳和安全运行（例如开放标准）？随着自动机器或车辆与人类互动，需要制定社会规则，例如，确定谁应对EI造成的事故负责。

（5）商业模式：如何使用不同形式的EI并将其货币化？通常，EI应用程序应该引入有可能扰乱市场的商业模式(例如自动驾驶出租车)。因此，理想的做法是提供基础，让新的生态系统出现，让许多参与者都能参与其中。

（6）社会影响：EI所描述的愿景将如何影响人类在家里、工作和公共场所的感受、行为和互动方式？特别是，数字化和自动化程度的提高可能会给未来的劳动力市场带来巨大挑战。公司和社会面临的挑战将定义新的工作方式并推动劳动力达到必要的教育水平。

鉴于这些问题的复杂性，需要公司、研究机构、政府和非政府组织共同努力，以可持续的方式采用EI，造福社会。我们未来在EI方面的工作将在这一发展中发挥调节和调查作用。作为由德国政府资助的前瞻性项目的一部分，西门子、富通和德国对话研究所将通过研究未来场景（包括社会、商业和技术方面）来探索EI，研究各种利益相关者群体的观点（政府、公司、研究机构和民间社会），并就前进的道路提出建议。

具体来说，我们的研究议程分三个连续的步骤展开。首先，我们将通过精心制作的问卷采访行业领导者，以收集来自不同组织的观点，这将导致对各种EI使用场景的要求；基于此输入，我们将为各种应用领域提取通用EI技术软件和硬件框架的功能；最后，我们将探索现有的解决方案作为构建块来实现这个框架。这些解决方案将来自开放生态系统、合作组织或我们各自机构的内部（例如用于为EIs设置IoT环境[27]）。

致谢

根据01MT20005协议，这项工作获得了德国联邦经济事务和能源部的资助。

参考文献

[1] D. Floreano, F. Mondada, A. PerezUribe, and D. Roggen, “Evolution of embodied intelligence,” in *Embodied Artificial Intelligence*, F. Iida, R. Pfeifer L. Steels, and Y. Kuniyoshi, Eds. Berlin: Springer-Verlag, 2004, pp. 293–311. [Online]. Available: https://link .springer.com/chapter/10.1007/978-3-540-27833-7_23#citeas.

[2] A. Cangelosi, J. Bongard, M. H. Fischer, and S. Nolfi, “Embodied intelligence,” in *Springer Handbook of Computational Intelligence*, J. Kacprzyk and W. Pedrycz, Eds. Berlin: SpringerVerlag, 2015, pp. 697–714. [Online]. Available: https://link.springer.com/chapter/10.1007/978-3-662-43505-2 _37#citeas.

[3] “World population prospects 2019 – Highlights,” United Nations Department of Economic and Social Affairs, New York, 2019. [Online]. Available: https://en.wikipedia.org/wiki/ United_Nations_Department _of_Economic_and_Social_Affairs.

[4] J. Vial, C. Barrabés, and C. Moreno, “The challenges of the end of the demographic transition,” in *There’s a Future: Visions a Better World*. Bilbao, Spain: BBVA, 2012. [Online]. Available: https://www.bbvaopenmind.com/en/articles/the-challenges-of -the-end-of-the-demographic-transition/.

[5] “World urbanization prospects: The 2018 revision – Key facts,” United Nations, New York, 2018. [Online]. Available: https://population.un.org/ wup/Publications/Files/WUP2018-KeyFacts.pdf.

[6] C. Krys and K. Fuest, “Megatrend scarcity of resources,” in *Roland Berger Trend Compendium*, 2017. [Online]. Available: http://www.rolandberger .com/publications/

关于作者

Arne Bröring 德国慕尼黑西门子股份公司研究部门高级研究员。获得特温特大学地理信息学博士学位。联系方式：arne.broering@siemens.com。

Christoph Niedermeier 就职于德国慕尼黑西门子股份公司。研究兴趣包括物联网系统、语义模型研发、基于知识的流程和物联网软件架构。获得慕尼黑路德维希马克西米利安大学生物物理学博士学位。联系方式：christoph.niedermeier@siemens.com。

Ioana Olaru 就职于德国缅因州的德国对话研究所。研究兴趣包括支持企业的创新管理，以及发展和实施数字转移战略。获得普福尔茨海姆大学工商管理硕士学位。联系方式：ioana.olaru@dialoginstitut.de。

Ulrich Schöpp 德国Fortiss GmbH公司的科研人员。研究兴趣包括形式方法、逻辑和程序设计语言及其应用于软件和系统的安全性和安全性。获得英国爱丁堡大学计算机科学博士学位。联系方式：schoepp@fortiss.org。

Kilian Telschig 就职于德国慕尼黑西门子股份公司。获得奥格斯堡大学和慕尼黑工业大学软件工程硕士学位。联系方式：kilian.telschig@siemens.com。

Michael Villnow 就职于德国埃尔兰根的西门子股份公司。研究兴趣包括物联网系统、受限现场设备以及有关传感器节点和嵌入式软件的战略主题。获得埃尔兰根-纽伦堡弗里德里希-亚历山大大学的机电一体化文凭。联系方式：michael.villnow@siemens.com。

publication_pdf/ roland_berger_trend_compendium_2030___trend_3_scarcity_of _resources_1.pdf.

[7] W. Kritzinger, M. Karner, G. Traar, J. Henjes, and W. Sihn, “Digital twin in manufacturing: A categorical literature review and classification,” *IFAC-PapersOnLine*, vol. 51, no. 11, pp. 1016–1022, 2018. doi: 10.1016/ j.ifacol.2018.08.474.

[8] B. Brenner and V. Hummel, “Digital twin as enabler for an innovative digital shopfloor management system in the ESB logistics learning factory at Reutlingen-university,” *Procedia Manuf.*, vol. 9, pp. 198–205, Apr. 2017. [Online]. Available: http:// toc.proceedings.com/34973webtoc .pdf, doi: 10.1016/ j.promfg.2017.04.039.

[9] C. González García et al., “A review of artificial intelligence in the Internet of Things,” *Int. J. Interactive Multimedia Artif. Intell.*, vol. 5, no. 4, pp. 9–20, 2019. doi: 10.9781/ ijimai.2018.03.004.

[10] W. A. Haseltine, “Aging populations will challenge healthcare systems all over the world,” *Forbes*, 2018. [Online]. Available: https://www.forbes.com/ sites/ williamhaseltine/2018/04/02/ aging-populations-will-challenge -healthcare-systems-all-over-the -world.

[11] “Wearable technology market size, share & trends analysis report,” Grand View Research, 2020. [Online]. Available: https://www.grandview research.com/industry-analysis/ wearable-technology-market.

[12] J. Quinlan, “The future of wearable tech,” Wired, Feb. 2015. [Online]. Available: https://www.wired.com/ insights/2015/02/the-future-of -wearable-tech.

[13] S. Tian, W. Yang, J. M. LeGrange, P. Wang, W. Huang, and Z. Ye, “Smart healthcare: Making medical care more intelligent,” *Global Health J.*, vol. 3, no. 3, pp. 62–65, 2019. doi: 10.1016/j.glohj.2019.07.001.

[14] “Wearable medical devices market research report,” P&S Intelligence, New Delhi, India, 2020. [Online]. Available: https://www.globenewswire .com/news-release/2020/04/13/2014947/ 0/en/Wearable-Medical-Devices -Market-to-Generate-67-2-Billion -Revenue-by-2030-P-S-Intelligence.html.

[15] “Smart grid market – Global Forecast to 2023,” Markets and Markets, Pune, India, 2018. [Online]. Available: https:// www.marketsandmarkets .com/Market-Reports/smart-grid-market-208777577.html.

[16] B. Gates, “From poop to potable— This ingenious machine turns feces into drinking water,” GatesNotes, 2015. [Online]. Available: https:// www.gatesnotes.com/development/ omniprocessor-from-poop-to-potable.

[17] J. Nalewicki, “Singapore is using a robotic dog to enforce proper social distancing during COVID-19,”

Smithsonian Magazine, 2020. [Online]. Available: http://www .smithsonianmag.com/smart-news/ singapore-using-robotic-dog-enforce -proper-social-distancing-during-covid-19-180974912.

[18] M. Römer, S. Gaenzle, and C. Weiss, "How automakers can survive the self-driving era," Kearney, Chicago, 2016. [Online]. Available: https:// www.kearney.com/automotive/ article?/a/how-automakers-can -survive-the-self-driving-era.

[19] J. O. Montes and F. X. Olleros, "Microfactories and the new economies of scale and scope," *J. Manuf. Technol. Manage.*, vol. 31, no. 1, 2019. doi: 10.1108/JMTM-07-2018-0213.

[20] "Smart robot market overview," Allied Market Research, 2018. [Online]. Available: https://www. alliedmarketresearch.com/smart -robot-market.

[21] "Unmanned aerial vehicle market— Global forecast to 2025," Markets and Markets, Pune, India, 2019. [Online]. Available: https://www .marketsandmarkets.com/Market-Reports/unmanned-aerial-vehicles -uav-market-662.html.

[22] "Manufacturing, value added (percent of GDP)," World Bank, Washington, D.C., 2018. [Online]. Available: https:// data.worldbank.org/indicator/NV .IND.MANF.ZS.

[23] T. Searchinger et al., "Creating a sustainable food future. A menu of solutions to feed nearly 10 billion people by 2050," World Resources Inst., Washington, D.C., 2019. [Online]. Available: https:// research.wri.org/sites/default/ files/2019-07/creating-sustainable -food-future_2_5.pdf.

[24] W. Aulbur, "Farming 4.0: How precision agriculture might save the world," Roland Berger, Munich, 2019. [Online]. Available: https://www .rolandberger.com/publications/ publication_pdf/roland_berger _precision_farming.pdf.

[25] "Horizon Europe," European Commission, Brussels, Belgium,2019. [Online]. Available: https:// ec.europa.eu/ info/horizon -europe_en.

[26] A. Ghosh, D. Chakraborty, and A. Law, "Artificial intelligence in Internet of Things," *CAAI Trans. Intell. Technol.*, vol. 3, no. 4, pp. 208–218, 2018. doi: 10.1049/ trit.2018.1008.

[27] J. Seeger, A. Bröring, and G. Carle, "Optimally self-healing IoT choreographies," *ACM Trans. Internet Technol. (TOIT)*, vol. 20, no. 3, pp. 1–20, 2020. doi: 10.1145/3386361.

（本文内容来自 Computer, Jul. 2021）**Computer**

软件技术部门介绍

文 | Markus Schordan　劳伦斯利弗莫尔国家实验室
译 | 程浩然

我们正被各种各样的技术所包围。科学家和工程师创造了令人惊叹的工具和资源，为多功能设备铺平了道路，并将有用的信息推送到我们的指尖。软件技术已经实现了前所未有的自动化水平，彻底改变了我们的世界和日常生活。每年有越来越多的数据被收集和储存。我们正走在正确的轨道上吗？欢迎来到新的软件技术部门。

首先，让我简单介绍一下自己，然后再详细介绍一下本部门拟定文章的细节。我现在于加州劳伦斯利弗莫尔国家实验室担任高级计算机科学家，从事程序分析和软件验证技术、可逆计算、编译器构建和高性能计算的研究。在此之前，我曾在维也纳应用科技大学担任软件开发和多媒体项目副主任，兼管游戏工程与模拟，同时也在维也纳科技大学担任助理教授。我于2001年在克拉根福大学获得博士学位。同年，我还做了题为“形式化语言和编译器构建”的首次讲座——从那时起，这些主题的组合一直吸引着我。

十多年前，也就是2006年，我采访了欧洲软件理论与实践联合会议 (ETAPS) 的所有受邀演讲者，该会议由四个年度会议组成：ESOP、FASE、FoSSaCS 和 TACAS。我在同一天完成了这些采访，第二天，它们被刊登在ETAPS的新闻简报上，该简报被分发给所有会议的参与者。采访所揭示的主要观点是，人与 "他们的 "软件技术之间的联系有其自身的特点。在这个部门，我将强调这种相同的联系，因为它使我们能够通过专家的眼睛看到许多角度与细节，特别是我们今天必须处理的软件技术的复杂性。

软件密集型系统也许是人类创造的智力最复杂的人工制品，尽管不幸的是，绝大部分人都看不到。在软件系统中存在着重要的美，但需要正确的工具才能看到它。

一项新技术往往伴随着优点和缺点。因此，人们从不缺少有趣的讨论话题。在这个部门，我将邀请来自几个专业领域的专家与我一起进行这种讨论。哪些是事实，哪些已经被评估与/或证明，哪些可能仍然是一种幻想或科幻小说？

然而，并不总是科学家或工程师能够第一时间看到技术的未来及其对我们社会的影响。例如，当英国小说家爱德华 ·M. 福斯特在1909年发表他的短篇科幻小说《大机器停止》[1]时，他设想了一个人类生活在地下并依靠一台巨大的机器来提供需求的世界，并预言了即时通信和互联网等技术。在他的故事中，人们生活在一个横跨世界的大机器里，每个人都有一个房间，与所有其他人的房间相互连接，交流可以通过一个蓝色的标签进行，一个人可以看到另一个人的图像，并可以与其他人交谈。福斯特围绕着一场即将到来的灾难展开故事，这台被大多数人崇拜的大型机器最终将停止工作。

有一个有趣的问题：为什么这台机器会最终失败？原因是它所谓的修补装置存在缺陷，最终无法再跟上修复系统的步伐。这是我多年前发现这个故事后产生的有趣想法。这个修补装置与我们世界上相互联系的 "机器 "的对应关系是什么？我们确信我们正朝着正确的方向前进？是什么保证了我们的系统建立在不断进步的硬件和软件支柱上，使其足以让我们的社会保持活力？

软件技术在我们今天的社会中起着关键作用。软件工程的历史是以抽象水平的提高为标志的，但我们目前的许多系统是前所未有的，这意味着我们没有可以借鉴的遗产。从古代工程的角度来看，秘鲁萨克赛华曼建筑群的三层巨石墙是砖石工程的一个奇迹，其中一些最大的石块重达50吨，但却紧密地安装在一起，甚至不需要使用砂浆。当人们看到这些墙壁时，有人可能会问——作为一种类比——我们的软件技术是否已经足够先进，可以将软件组件以类似的无缝方式配置在一起，从而不需要"胶水代码"、变通方法或改变API？今天的软件还能维持多久？一次实现一个算法，并将其实现“永远”转入其他或更新的高效语言中，或将其移植到新的平台上，作为一种先进的重用形式，仍然是自动化的最具挑战性的任务之一。

使用许多可用的软件技术所需的工程技能也不是那么明显。每年都有不同的顶级软件技术名单被发布和讨论。这些技术快速迭代与演变的主要原因是，没有一个软件是一座孤岛，软件会与许多系统的其他部分集成在一起。我们也看到了一个转变，即在可能的情况下应用并行性会带来效率的提高，因为我们不再期望从单一的硬件核心中获得急剧的速度提升。许多现代系统都是异构的，其结合了许多不同类型的计算单元，并且这些单元在单个节点或网络之间进行通信时会使用适当的协议，这使得将调度的各个部分分配给最合适的单元不是更容易，而是更困难。此外，软件开发人员开发各种规模的安全、并发和分布式系统的能力变得越来越重要。在每个领域，我们都有专门的专家，他们看到了自己喜欢的技术的不同前景。我们将迎来有趣的时代。

本部门旨在关注几个主题，以使得软件的使用能扩展人类的理解和扩大物理设备的范围，给我们的社会带来的变化：

（1）物理世界和它不断增长的软件智能。硬件使软件能够超越计算机屏幕，为具体世界带来新型的智能。它通过多个传感器收集数据并进行实时控制，以优化复杂的网络系统。互联网堆栈现在一直延伸到你的手机、腕表及客厅里的电视，其结合了各种软件技术。机器学习和数据驱动的优化已经彻底改变了公司在互联网上的工作方式，这也将改变我们的物理世界。

（2）今天，每家公司都在软件上运行。精通数字技术的公司可以做传统公司所做的一切，但他们的速度更快。任何制造机器的公司都必须用软件层来改进和扩展自己，以保持竞争力，因为软件驱动的竞争对手已经准备好吃你的午餐。软件的效率直接影响着每个公司越来越多的流程的效率。因此，让软件运行得更快的软件工程师，也能为整个公司的运行速度做出重大贡献。

（3）软件背后的人。技术，尤其是软件技术，通常被认为是一种匿名的知识，任何人都可以在任何地方应用——只需要找到合适的人。然而，这些人却很难找到。尖端技术的发明者和早期采用者最了解其潜力，但也了解其局限性。问题是如何将专家的技术语言（能够正确描述所有的细节）转换为技术应用的具体领域语言。由于这一困难，专家们常常被排除在外，这也是在新的软件技术可以应用和不应该应用的两个方向上产生许多错误判断的根本原因。未来的文章将填补这里的例子，并找到一种方法，让专家给出一些细节，并讨论对各种软件技术的未来应用和组合的合理期望。

回到福斯特的短篇小说，人们不得不怀疑：不断涌现的新软件是否可能扮演福斯特的修补装置的角色，每天修复“我们的系统”？在我们的移动设备、软件应用程序、资源库和屏幕上，每天都有一波又一波的更新、错误修复和变化，它们作为一个整体，是否有助于保持所有设备的互联系统的运行和改进？变

关于作者

Markus Schordan 劳伦斯利弗莫尔国家实验室应用科学计算中心高级计算机科学家。联系方式：schordan1@llnl.gov。

化发生的频率越来越高，用户准备好或被迫接受另一个变化的门槛也在不断变化。为什么会有这么多的变化和修复？我们是否真的走得更快，或者我们只是同时向更多的方向发展，将我们对新技术的探索并行化？在此，我想到了Grady Booch在2007年的BCS/IET图灵讲座，他将目前的状态描述为"我们现在永远不能'关闭'，我们的系统在不断发展，是连接的、分布的和并发的。它们需要多语种、多平台、自主性和安全性"。因此，他担心的不是“机器”会停止，而是即使我们想关也关不掉，而且在我们面前没有返回点，只有新方向。

最后一次回到福斯特1909年的短篇小说，强调这位小说家的故事可能与我们今天的世界甚至我们的未来有关的另一个方面——故事的关键时刻，库诺对他的母亲瓦什蒂说：“我想让你来看我”，而她看着他在蓝色盘子里的脸，感叹道：“但我能看到你！你还想要什么？”库诺回答说：“我想看到你，不是通过机器，我想不通过令人厌烦的机器和你说话。”但他的母亲隐约感到震惊，回答说：“哦，嘘！你不能说任何反对机器的话。”

总结

当一项技术被创造出来之后，它们的创造者仍然是必不可少的。技术的成熟需要很长的时间，才能在没有发明者的支持下独立存在。这里的关键是时间——人们只能在技术工作上从事一定的时间，到了某个时候，技术必须由其他人监管，否则所有洞察技术改进方向的能力都会消失。我们发现，即使算法被正确地写下来，它们从应用到被发现问题，也会有很大的延迟。在某种描述中被写下来并正式编码的东西通常只是知识的很小一部分，它解释了为什么一项软件技术会以某种方式设计。

有时你是专家，有时你是用户——在我们这个高度联系的世界上，每个人都扮演着这两个角色，这取决于要解决的情况或问题。因此，更好地理解专家的知识和用户的需求是理解技术局限性的基础，也是对技术可以或不应该应用的地方有更深的了解。

本部门的文章将介绍通过专家和成功应用软件技术的用户的眼睛所看到的各种软件技术。我们将访问从航空电子设备和自动驾驶软件到设备驱动软件、幕后运行的虚拟机器、网络浏览器、机器学习、游戏工程、开发生物计算的新软件技术等领域，并在对话中听取专家的第一手知识和建议以及该领域用户的经验。■

致谢

这项工作是在美国能源部的支持下，由劳伦斯利弗莫尔国家实验室根据DE-AC52-07NA27344号合同，IM发布号LLNL-JRNL-797379进行的。

参考文献

[1] *The Machine Stops and Other Stories (Collector's Library)* by E. M. Forster, New York, NY, USA: Pan Macmillan, 2012.

[2] G. Booch, CBS/IET Turing Lecture. 2007. [Online]. Available: https://www.bcs.org/content-hub/the-promise-the-limits-the-beauty-of-software, Accessed: Nov. 14, 2019.

（本文内容来自IT Professional, Mar.−Apr. 2020） IT Professional

软件设计的迷雾

文 | Timothy J. Halloran
译 | 闫昊

我们设计软件的能力受到了打击，因为关键信息被迷雾笼罩。我们误解了需求，然后不完美地预测了这些需求将如何发展，我们误解了现有的代码，我们希望更好地理解设计原则。这些阻力就是软件设计的迷雾。意识到这些问题的开发人员就可以采取措施克服这种迷雾，交付更好的软件。

卡尔•冯•克劳塞维茨（Carl von Clausewitz）等提出了“战争迷雾”这个词，“战争是不确定的领域；战争行动所依据的因素中，有四分之三被或多或少的不确定性所笼罩。”[1] 优秀的军事领导人在考虑战斗报告、情报和其他他们怀疑是不完整的、误导性的或事实错误的信息时，努力建立一种“敏感和有辨别力的判断”。卡尔•冯•克劳塞维茨告诫军事领导人在军事行动中要预见不确定性和不完全的态势感知。

软件设计师面临着类似的不确定性。迷雾的比喻可以帮助我们反思我们在设计工作中面临的一些信息挑战，并避免在沮丧和代码中举手投降。本文中的许多想法都是由Parnas和Clements在三十多年前在他们“伪造”理性设计过程的方法中提出的[2]。

在本文中，我将讨论软件设计的迷雾，以及如何尽可能地消除迷雾。让我们首先从需求开始。

理解需求的迷雾

软件需求很少被很好地阐明或完成。Parnas和Clements哀叹道：“在大多数情况下，委托构建软件系统的人并不确切知道他们想要什么，也无法告诉我们他们所知道的一切。”[2] 亨利•福特(Henry Ford)在谈到汽车需求时曾幽默地引用过一句类似的话：“如果我问人们想要什么，他们会说想要更快的马。”理解需求是一个很大的主题，这也是为什么如今的团队喜欢迭代开发。用我的比喻来说，迷雾模糊了需求，我们必须投入时间和精力使它们变得清晰。给我们的信息可能会误导我们(例如，“更快的马”)。而在浓雾中冒险是件不舒服的事情，我们往往会被吸引到问题领域中雾少的地方——这对我们是危险的。

我所参与的一个大型国防软件项目失败了，其原因是因为它避开了迷雾，忽视了了解老化传感器系统接口要求的风险工作。工程师们发现，为智能数据处理和充满活力的新用户体验而设计会使工作更加舒适。这使得管理层很兴奋，认为取得了良好的进展，并且出现了看起来很棒的原型。但遗憾的是，经过几年的努力，我们从未让传感器系统驱动程序跟上系统其他花哨部分的数据需求。最后因为成本太高，项目被取消了。我们专注于设计和实施的低风险部分，这部分的迷雾不会太浓而注定了项目的失败。

如何处理迷雾中的需求？这就要把时间花在有风险或有争议的设计元素上。我知道这很困难，因为人类的本性是倾向于舒适的工作，这样我们才能稳步前进。但是要抵制这种冲动，吹响雾号，冒险进入迷雾最浓的地区。如果你的设计工作感觉太舒适或太简单，你需要感到担心。你要努力发现高风险元素，比如老化的传感器系统——这是我的项目失败的原因。我的建议与当前流行的“客户价值至上”相悖。你应该先解决风险最高的问题。根据我的经验，风险驱动的方法最有效，并且与Boehm的螺旋模型一致[3]。

预期需求的迷雾

如今为了做出好的设计选择，软件开发人员试图预测未来的需求。猜测随着时间的推移会发生什么变化，就像透过迷雾试图看到未来一样。大多数时候，这都不是一个好主意。

我已经浪费了很多时间去探究系统进化的迷雾，并且证实完全错了。一个失败的案例是我在一家初创公司工作时设计的Java动态分析工具。该工具使用结构化查询语言(Structured Query Language，SQL)数据库存储Java程序事件(例如，获取锁和字段读取)并为用户查询有用的信息(例如，观察到的竞态条件)。它使用Apache Derby作为数据库，但是，我想支持其他数据库，比如Oracle。这可能只是一个模糊的业务要求，但没有具体的要求——营销人员不需要这种灵活性。但是为了实现这个特性，我们使用Java的Resource-Bundles来支持特定于数据库的SQL语言变体和抽象的数据库引导。该实现过程是复杂的，这需要多个工程师数周的工作和数千行代码。这个特性运行得完美无缺，经过了良好的测试，并且很容易维护。但所有这些时间都被浪费了。我们从未使用过不同的数据库或在其他工具中重用代码，但我们为糟糕的预测付出了开发代价和复杂性代价。

猜测系统演化和构建基础架构软件是相关联的。在这方面很难做出正确的判断。当然，并非所有的基础设施工作都是糟糕的。然而，我已经学会了对基础设施项目持怀疑态度。这么做是必要的吗？它会被重复使用吗？设计师和工程师(像我一样)喜欢这种工作。管理层也倾向于这样做。大多数基础设施，比如我的数据库，可以用于公司的多种产品中。但这是一个机会成本，对此我提出我的警告——基础设施的发展意味着其他项目得不到资源。判断一个基础设施项目好的标准是什么？要考虑它能否被多个软件系统使用。关于有多少系统应该重用它？我同意Tracz的观点，他认为“你需要重用它三次”才能确信它是真正可重用的[4]。

我们如何清除系统进化的迷雾？要做到不进行猜测。基于需求或重用的实际潜力做出决策。我的数据库灵活性特性不是基于这两个特性的，所以不应该将其纳入设计中。需要意识到，基础设施项目从其他可能更有利可图的工作中夺走了资源。所以在考虑重要的基础设施项目时，请记住Tracz关于重用的三原则。

现有代码的迷雾

当我们重写或对现有代码进行现代化时，我们通常不了解或忘记了使生产系统成功的关键设计决策。这会在生产系统周围产生一种特殊的迷雾：失去设计意图的迷雾。这可能会毁掉一个项目，或者更糟的是，导致它永远拖延下去。

我倾向于用这句话来总结我的空军生涯：“我退役了很多大型计算机。”当然我是在开玩笑，但是将代码从大型计算机转移到现代计算机(通常也转移到新的编程语言)是一个经典的软件现代化项目。它花费了软件开发成本，从而使系统更容易，并且希望更便宜地为组织提供长期支持。在这里，需要我们考虑大量的现代化工作，例如用一种新的语言重写整个系统。在这些较大的项目中，围绕着现有代码的迷雾是隐蔽的——源代码中都有血淋淋的细节，团队常常自信地认为他们已经完全理解了。但是他们从来没有做到。

我观察到的一个失败案例是一个试图将大型主机Cobol系统迁移到操作系统(OS)/2的项目。在我看来，设计师更关心的是使用OS/2的每一个新功能，而不是理解生产系统。更为常见的是，我观察到一系列现代化项目似乎从未完全取代生产系统，它们需要数年时间才能最终成功(如果它们确实成功了的话)。我们为何会忽视产品软件的成功设计元素？我认为这是因为系统维护人员很少使用它们。它们是稳定的，可靠的，因此也很容易被认为是理所当然的。

我们如何清除现有代码的迷雾？设计更新后的系统，使其主要组件能够在整个项目实施完成之前在生产中快速使用。但是不要把所有的事情都做完了，然

设计的四个迷雾

我们设计软件的能力遭受打击，因为关键信息被迷雾笼罩。

理解需求的迷雾

- 软件需求很少被很好地阐明或完成。你需要坚持发现风险，并真正理解你的问题领域。避免在系统的低风险部分进行“舒适的工作”，即使这会让管理层感到高兴。

预期需求的迷雾

- 设计人员试图预测未来的需求。大多数时候，这都不是一个好主意。不要建造你不需要的东西。基础设施项目会占用其他工作的资源。要确保它们是可重用的，并且确实是需要的。

现有代码的迷雾

- 当我们重写现有代码时，我们往往不了解或者忘记了使生产系统成功的关键设计决策。设计意图丧失。这可能会毁掉一个项目，或者更糟的是，导致它永远拖延下去。

设计知识的迷雾

- 由于我们的专业知识有限，很多潜在的设计没有被考虑到。这需要从他人那里获得反馈并深刻重视设计理念。争辩虽然不舒服，但可以帮助你设计更好、更持久的软件系统。

后“打开大开关”。例如，要谨慎地将每个部件转换为生产项目，但要花时间和精力一个一个地推出它们。为什么要这么做？这种方法会将你的工作暴露给苛刻的生产环境。你将穿过现有代码的迷雾，重新发现你错过的旧系统中的关键设计决策。这是我在实践中唯一成功使用的技术，但它是有代价的。新出现的代码必须与旧的生产代码进行交互。这会增加开发成本，在旧代码库中产生大量工作，甚至可能会增加硬件成本，并限制对系统的架构改进（至少在过渡期间）。然而，根据我“淘汰”大型机的经验，它确保了项目的成功。

设计知识的迷雾

没有人对软件设计了如指掌。这种内在的迷雾开始于我们的设计知识结束的地方或我们感到不舒服的地方。我们不考虑潜在的设计，因为我们没有接触过它们，或者我们认为它们有风险，因为我们没有个人应用它们的经验。此外，正如Parnas和Clements指出的那样，“我们经常被先入为主的设计理念所困扰——那些我们在相关项目中发明、获得或在课堂上听说的想法。”[2]

刚开始设计Java安全分析工具的时候，我不知道访问者模式[5]，所以每次添加一个分析时，不得不在Java抽象语法树类中添加另一个多态方法——这导致了维护的混乱。当我被推荐了访问者模式时，我带着怀疑的眼光去看待它。它看起来是不是很复杂？一个简单的方法不是更容易吗？我对新想法缺乏了解和不适导致我们不得不在发布后的一年内重新设计我们的工具。

如何清除有限设计知识的迷雾？答案是得到反馈。珍惜其他设计理念和来自尽可能多的人的反馈。这是将设计知识库扩展到你之外并帮助你适应新方法的绝佳方式。深入考虑你从别人那里得到的反馈，不要轻视它。但是，我要警告的是，这会引发争论。因为其他的设计被提出，而你的部分或全部设计将受到批评。这可能会让人不舒服，但会带来更好的结果。我曾见过这样的建议，即收集反馈并接受一个经常被忽视的有争议的设计过程，我几乎将其称为哈洛伦定律：任何没有争议的软件设计都将在几年内重新实施。为什么呢？就像我的程序分析系统没有使用访问者模式一样，这些设计往往是平庸的。你可能能够像我一样执行它们，但它们很快就会暴露出它们的不足之处。

扫清迷雾

我们如何才能清除软件设计的迷雾？让我们来看三种方法，然后我会给你我的建议。

你的同事可能会说，如果我们同意迷雾是设计的障碍，那么我们就完全跳过设计，只实现功能。虽然这会满足我们的计划，管理层也会很高兴，但这一切只是暂时的。不幸的是，这无法实现扩展。以这种方式构建的较大的软件系统，一旦启动，将面临维护问题和较短的使用寿命。我不同意你的同事的观点——设计是至关重要的，不应该被忽略。

学术和设计类书籍倾向于从无所不知的角度来看待设计，没有任何迷雾，这样学生就可以去学习设计原理。这是一种简化教学的基本方法，然而，这是不切实际的，并且这值得警惕。在真实的系统中，模式的完美反而会变得混乱。规范是很少存在的，你将不得不从代码中推断它们。在书中，事情总是看起来干净、简单，所以可以从中学习一些原则，但你需要额外的建议来应对迷雾。

Parnas 和 Clements 建议我们“伪造”一个合理的设计过程并制作（大量的）文档来重写项目的混乱历史[2]。他们的想法得益于A-7E航空电子系统更新设计的经验，这是一种用于军用飞机的复杂实时嵌入式系统[6]。Parnas和Clements理解迷雾，但他们的经验可能过于笼统。经过三十年的后见之明，我不同意他们的过程所建议的文件的数量和准确性。对于大多数领域来说，这样的文档在经济上是不切实际的。通常情况下，项目的变更速度很快就会使这些文档过时。即使对于实时嵌入式系统，也出现了一些新技术，比如模型检查，它们以比文档更有用的形式实现了精度。

关于作者

Timothy J. Halloran 是位于美国宾夕法尼亚州匹兹堡市Google的一名软件工程师，也是一名退休的美国空军中校。联系方式：hallorant@gmail.com。

驱动你的设计的关键信息将笼罩在迷雾中，因此你期望找到破碎的抽象、不完整的规范和误导性文档。那么我的建议是什么呢？你无法阻止迷雾，但你可以预测它并做好准备。更具体地说，使用设计抽象和迭代。使你的工作受到严格的风险驱动。根据你的问题域定制文档形式。征求对你工作的反馈。积极地设计讨论可以带来更好的设计。不要惊慌，保持头脑清醒，即使有迷雾，你也可以进行设计。

参考文献

[1] C. v. Clausewitz, Vom Kriege, Bonn, Germany: Dümmler, 1832, Book 1, ch. 3, p. 101.

[2] D. Parnas and P. Clements, “A rational software process: How and why to fake it,” *IEEE Trans. Softw. Eng.* , vol. SE-12, no. 2, pp. 251–257, Feb. 1986. doi: 10.1109/TSE.1986.6312940.

[3] B. Boehm, “A spiral model of software development and enhancement,” *Computer*, vol. 21, no. 5, pp. 61–72, May 1988. doi: 10.1109/2.59.

[4] W. Tracz, *Confessions of a Used Program Salesman.* Reading, MA: Addison-Wesley, 1995.

[5] E. Gamma, R. Helm, R. Johnson, and J. Vlissides, *Design Patterns*. Reading, MA: Addison-Wesley, 1995.

[6] L. Bass, P. Clements, and R. Kazman, *Software Architecture in Practice,* 2nd ed. Reading, MA: Addison-Wesley, 2003.

（本文内容来自IEEE Software, May-Jun. 2021） **Software**

将软件工程应用于大数据分析

文 | Miryung Kim　加州大学洛杉矶分校
译 | 涂宇鸽

我们正处于一个转折点，软件工程与以数据为中心的大数据、机器学习和人工智能在此相遇。本文将归纳总结专业数据科学家的研究结果，并探讨本人对开放研究问题的观点，以促进以数据为中心的软件开发。

软件工程（SE）如今与以数据为中心的人工智能、机器学习和大数据相遇。我们几乎每天都会听到人们讨论由人工智能驱动的无人驾驶汽车和无人机，也会听到有公司在招聘数据科学家。数据分析需求高涨，自2014年以来，相关招聘需求翻了不止一番[1]。

正如大型软件系统会出现各种故障一样，以数据为中心的软件难免也会存在缺陷。2018年3月的一个深夜，优步的自动驾驶汽车系统缺乏精确性，导致汽车撞死行人伊莱恩·赫茨伯格，这是首例与无人驾驶相关的致命事故[2]。

尽管数据分析中的缺陷带来了越来越多的风险，软件工程研究仍受到吸引，转而利用数据分析技术解决自身问题，而非利用软件工程技术促进以数据为中心的开发。2019年，在为自动软件工程大会准备主题演讲期间，笔者亲自分析了2016~2019年该大会论文集中285篇长达10页以上的论文，分类归纳了每篇论文的问题及方法，发现这四年间，运用人工智能、机器学习或大数据的论文比例显著增加（见图1）。2019年，与数据分析相关的论文比例最高。然而，大部分论文均在解决已有的软件工程问题，如缺陷预测、故障发现、文件总结、代码推荐以及利用深度学习、自然语言处理、基于启发式搜索、多目标搜索、分类、信息检索等数据分析技术进行测试。在2016~2019年自动软件工程大会的285篇论文中，仅13篇关注将软件工程应用于大数据分析的改进，占比4%，数量极少。

本文将说明，软件工程研究应当拓宽研究范围，扩展并调整现有的软件工程，满足以数据为中心的软件开发的新需求，提升人工智能、机器学习和大数据工程师的生产力。笔者将对专业数据科学家与微软研究院联合进行的实证研究的发现进行总结[3,4]。在笔

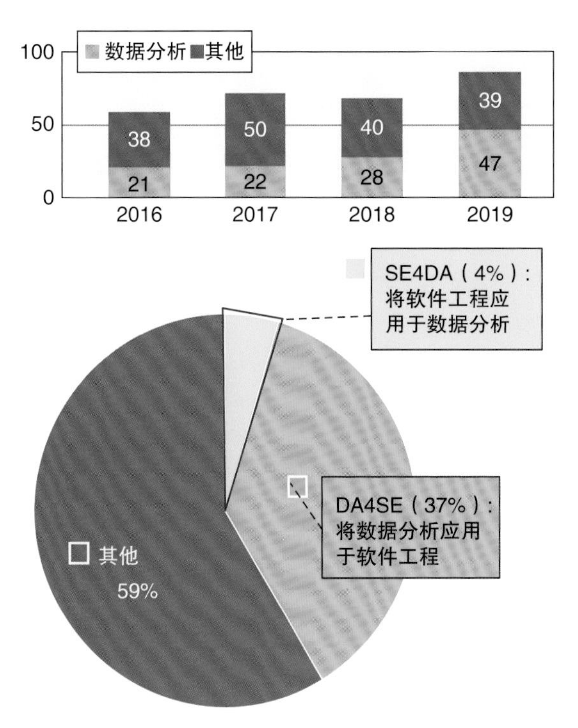

图1　软件工程中的数据分析增长。与将数据分析应用于软件工程（DA4SE）相比，将软件工程应用于数据分析（SE4DA）的研究较少（来源：2016~2019年自动软件工程大会）

者看来，传统的软件开发与以数据为中心的开发存在重大区别，导致软件工程师难以为以数据为中心的软件或基于人工智能/机器学习的软件系统进行排错和测试。随后，笔者将分享部分研究项目示例，项目内容人员包括笔者、笔者学生及其他将现有软件故障及技术测试应用至大数据分析领域的合作方[4~10]。最后，笔者展望未来将软件工程应用于大数据分析的开放研究方向。

软件团队中的数据科学家

我们正处于一个临界点，软件公司产出了大量遥测、机器、质量及用户数据。类似于软件开发者及测试者的既定角色，数据科学家正逐渐成为软件团队的一员。为了解数据科学家是谁、在做什么以及面临哪些挑战，我们进行了首个深度访谈研究[3]，并进行了大规模调查[4]。我们采访了16位数据科学家，通过分析录音撰写稿，找出了新出现的主题，并对这些主题进行了聚类。之后，为了量化及归纳他们的技能、工作方式、工具使用及挑战，我们对近800名数据科学家进行了调查。图2总结了我们两阶段的研究方法及参与者。

读者可能会问，“数据科学家究竟是什么？”为深入阐明数据科学家的特点，我们根据参与者在不同活动上花费的相对时间，使用K均值聚类算法对他们进行了聚类。在聚类分析中出现了九个类别[4]，以下是其中三个类别：

（1）数据塑造者。数据塑造者花费了大量的时间分析和准备数据。他们比其他领域的研究生比例更高，在算法、机器学习和数值优化方面很熟练，但对数据采集的工具化所需要的前端编程相当不熟悉。这一类人称为数据塑造者，因为他们从数据中提取和模拟相关的特征。

（2）平台构建者。平台构建者49%的时间都在开发平台，以仪器化代码收集数据。他们在大数据分布式系统、后端和前端编程以及C、C++和C#等主流语言方面有强大背景。平台建设者是为数据工程平台和管道做出贡献的工程师，但他们经常面临数据清洗的挑战。

（3）数据分析员。数据分析员通常拥有数据科学家的职称，熟悉统计学、数学、贝叶斯统计学和数据处理，许多人会使用R语言，但转化数据是一个挑战。

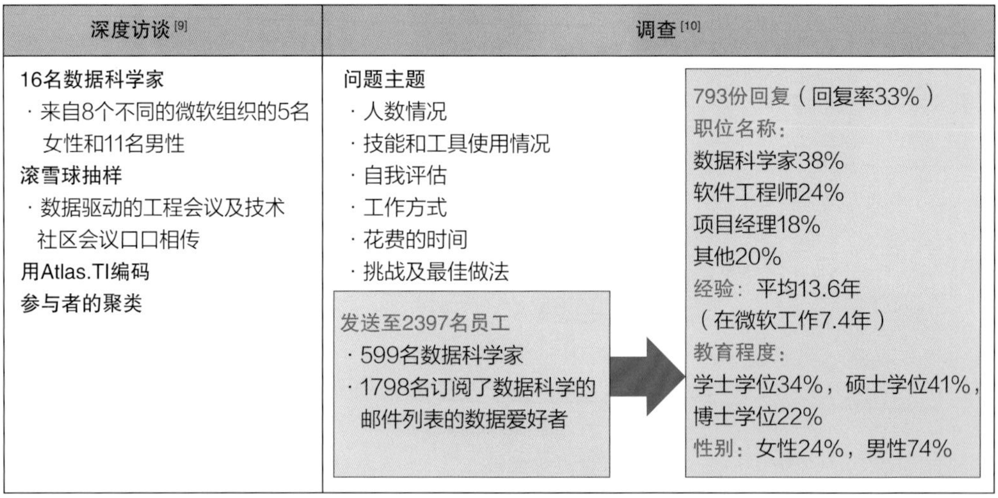

深度访谈[9]	调查[10]
16名数据科学家 · 来自8个不同的微软组织的5名女性和11名男性 滚雪球抽样 · 数据驱动的工程会议及技术社区会议口口相传 用Atlas.TI编码 参与者的聚类	问题主题 · 人数情况 · 技能和工具使用情况 · 自我评估 · 工作方式 · 花费的时间 · 挑战及最佳做法 发送至2397名员工 · 599名数据科学家 · 1798名订阅了数据科学的邮件列表的数据爱好者 → 793份回复（回复率33%） 职位名称： 数据科学家38% 软件工程师24% 项目经理18% 其他20% 经验：平均13.6年 （在微软工作7.4年） 教育程度： 学士学位34%，硕士学位41%， 博士学位22% 性别：女性24%，男性74%

图2 用于研究专业数据科学家和参与者的人数情况的方法

在所有类别的数据科学家中，面对“如何确保输入的正确性和分析的正确性？”这一问题，许多人表示，验证是一大挑战。他们表示，可解释性很重要，“想要得出见解，就必须再深入一个层次”。然而，他们普遍表示对分析学缺乏信心，“老实说，我们没有好方法”，并且表示，“算起来是正确的，并不意味着答案就是正确的”。

传统开发与大数据分析开发有何区别?

在前文中笔者已经分析过，数据科学家往往对他们的分析软件缺乏信心。通过对比传统开发与以数据为中心的开发，笔者试图说明，为何以数据为中心的软件开发具有挑战性（见图3）。本说明是基于此前关于数据科学家的研究及其他关于机器开发模式的研究[11,12]。数据科学家开发出了应用程序，并通过仅使用本地机器的样本进行测试。随后，他们在集群上更大的数据上执行这个应用程序。几个小时后，程序崩溃或产生错误或可疑的输出时，他们会重复试错的故障排除过程。以下总结出的差异给以数据为中心的软件开发带来了挑战。

（1）数据大、远程且分散。

（2）编写测试难。开发人员开始编写分析报告时，往往还没有看到位于Amazon S3等存储服务中的所有原始输入数据。由于他们是根据下载的样本编写软件的，而这些样本只显示了部分原始数据，所以很难为整个原始输入编写测试准则。

（3）失败是很难定义的，部分原因在于缺乏测试和相应的准则。

（4）系统栈较为复杂且几乎不可见，因为底层分布式系统和机器学习框架有复杂的调度、集群管理、数据分区、作业执行、容错及掉队节点管理。

（5）物理执行与逻辑执行之间存在差距，因为分析应用程序高度优化，惰性求值，用户定义的应用逻辑与框架代码的执行交织在一起。例如，Spark等数据密集型可扩展计算系统提供了提交作业的执行日志。然而，这些日志报告的是工作节点的数量、各个节点的工作状态、总体工作进度、节点之间传递的信息等，只呈现了大数据处理的物理视图，而没有提供程序执行的逻辑视图，比如系统日志并没有传达哪些输入产生了哪些中间输出，也没有指出哪些输入导致了不正确的结果或延误。

（6）数据追踪较困难。出现故障时，很难知道哪个输入对应哪个输出，因为目前的框架没有可追溯性，也无法知道出处。

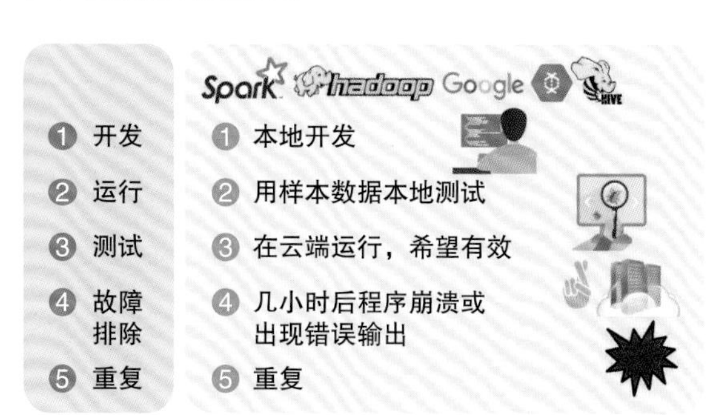

图3　传统开发与大数据分析开发

大数据分析的故障排除及测试

过去五年中，我们在加州大学洛杉矶分校的团队一直致力于将软件故障排除及测试技术扩展到用Apache Spark编写的大数据分析领域[4~10]。我们从这些经验中了解到，为基于数据流的大数据系统设计交互式故障排除基元需要深入了解内部执行模型、作业调度和物化；提供可追溯性需要重新设计底层数据并行运行时框架；抽象是简化代码路径的强大力量。

BigDebug：用于大数据分析的交互式故障排除基元

我们拥有GNU项目调试器GDB这样的工具已经有很长一段时间了。那么，为什么很难为Apache Spark建立交互式调试器呢？天真地实行断点是行不通的，因为暂停数据并行管道中的整个计算会降低吞吐量，而对于用户来说，通过普通观察点检查数十亿条记录显然是不可行的。BigDebug[6]没有暂停程序的执行，而是通过最新检查点的按需状态再生来模拟断点，并以受保护的流处理方式传递程序状态。通过有效利用内部检查点和作业调度机制，我们能够在Apache Spark中有效实现交互式调试和修复能力，同时最多增加34%的开销[6]。

Titian：Apache Spark的数据溯源

数据溯源是数据库中长期研究的问题。给定一个查询的输出，数据溯源可以识别导致查询结果的具体输入。这个想法类似于动态污点传播。对于拥有TB级数据的大数据分析，可扩展性带来了新的挑战。为了提供创纪录级的数据溯源，我们以分布式的方式在一个阶段的粒度上存储血缘表（输入和输出标签映射），并建立分布式的优化连接用于向后追踪（这比其他方法快一个数量级），由此重新设计了Apache Spark的运行时间[8]。

BigSift：大数据分析的自动故障排除

BigSift将程序和测试函数作为输入，自动找到产生测试失败的最小输入子集。它结合了两个成熟的想法，即数据库系统中的数据溯源和软件工程中的Delta调试，并实现了几个优化，包括测试谓词推倒、优先考虑后向跟踪及基于位图的记忆，这使我们能够建立自动调试解决方案，比Delta调试快66倍，比原始作业的运行时间少62%[5]。

BigTest：大数据分析的白盒测试

目前，开发人员通过数据采样（如随机采样、

top-n采样和top-k%采样）测试数据分析，导致代码覆盖率很低。另一个选择是使用符号执行等传统的测试生成程序，但这样的技术对于大约有700KLOC的Apache Spark来说是无法扩展的。

为自动生成Spark应用程序的测试，BigTest用简洁的一阶逻辑来抽象数据流运算符。例如，join可以定义为三个等价类，其中一个键只存在于左表或右表中，或两者皆无。然后，对于用户定义的应用程序代码，Big- Test执行符号运行，并将其与数据流逻辑规范相结合。随后使用可满足性模数理论来应对这些组合约束，以创建具体的输入。只需要30条左右的记录就可以达到与整个数据相同的代码覆盖率，即没有必要对整个数据进行测试。通过使用BigTest自动生成数据，我们可以将所需的测试数据减少108条，实现近200倍的速度提升[7]。

以数据为中心的开发中开放的研究方向

本节讨论了在SE4DA中的开放性问题，这些问题是从笔者对专业数据科学家的观察及笔者在研究大数据分析的调试和测试技术方面的经验中产生的[5~10]。

见解1

我们必须扩大故障排除的范围，将代码错误和数据错误包括在内，并将代码和数据修复的技术相结合。软件工程界传统上认为故障是代码缺陷，而数据库界认为故障是基于意外统计分布、功能依赖或模式不匹配的数据缺陷。笔者认为，我们需要结合这两个群体的见解，同步理解代码错误和数据错误。因为数据科学家基于对输入数据的不完整、不全面的理解来编写软件系统，导致对数据做出错误假设的代码可能存在错误，或者新数据可能已经偏离了对原始输入的隐含假设。

想一想使用错误定界符的故障[7]，比如错用“[]”而不是“\[\]”来分割字符串，导致输出错误。用户可能会将其定义为数据错误或异常，但它可以看作是基于对数据的错误假设的编码错误。事实上，这个错误可以通过代码更新、数据清理或两者并用来修复。

与软件工程界在自动程序修复方面的工作和数据库界在自动数据清理和修复方面的工作类似，现在是时候结合这些见解来定义何为数据分析错误，以及如何一起修复紧密相关的代码错误和数据错误。

见解2

性能故障排除与正确性故障排除同样重要，需要实现对系统栈、代码和数据的可见性。我们对数据科学家的研究发现，在大数据分析领域，故障排除的范围必须超越功能正确性。满足通常被认为非功能、次要的性能要求与满足功能正确性同样重要。

特别是性能故障排除，往往是数据分析开发人员的最大痛点，因为它取决于集群中的配置、扩展、不平衡的任务、IO和内存相关的问题。垂直堆栈很复杂，因为它由开发环境、机器学习/人工智能库、运行时间、存储服务、Java虚拟机、容器和运行CPU、GPU及现场可编程逻辑门阵列等异构硬件的虚拟机组成。为了诊断和修复性能瓶颈，必须考虑代码、数据和系统环境在垂直堆栈中的交互。例如，调试由代码和数据子集之间的交互引起的计算偏差需要在各个计算阶段跟踪各个输入的延迟信息[10]。

见解3

我们必须设计易于使用、易于扩展的准则规范技术，用于调试和测试基于启发式、概率式和预测式分析。为基于启发式、概率式和预测式数据分析制定准则与我们在传统单元测试中制定准则的方式有所不同。变形测试将两个输入之间的变化与两个相应的输出之间的变化联系起来[13]。现有的测试神经网络的技术使用变形测试，但仅限于检查输入扰动是否仍然产生相同的分类结果，并且只测试基于等价的变形关系。

见解4

我们必须设计新的故障排除技术，量化输入分布和意外行为之间的影响程度和重要性。Delta调试等传统故障排除技术将测试失败平等地归因于各个引起故障的输入。在调试故障输入时，必须量化重要性的概念，因为引发故障的往往是决策边界附近的输入数据子集、特定的数据分区或从原始数据假设漂移的特定输入分布，而非单个输入。例如，机器学习中的训练集故障排除可以识别输入子集，通过隔离决策边界附近的输入数据，利用影响函数[14]的数学概念造成错误分类。我们必须利用这样的想法来扩展和调整现有的软件调试，使其适应以数据为中心的软件。

通过研究专业的数据科学家，并根据调整软件工程技术以调试和测试大数据应用的经验，笔者发现，以数据为中心的软件开发与传统软件开发存在几点不同。为支持以数据为中心的软件开发，我们必须研究代码错误和数据错误是如何相互作用的，不应该把调试的范围局限于正确性调试，因为对许多数据科学家来说，性能调试和正确性调试同样重要。本质上，对于基于启发式分析、概率式分析和预测式分析来说，定义什么应该是正确的行为是具有挑战性的。因此，我们必须设计易于扩展、易于使用的规范技术，促进调试和测试。这些开放性问题的解决需要软件工程界与人工智能、机器学习、系统和数据库界的共同努力。

致谢

感谢合作者Thomas Zimmermann、Rob Decline和Andrew Begel共同研究数据科学家。感谢加州大学洛杉矶分校的学生和合作者Tyson Condie、Aria Emoji、Muhammad Ali Gulzar、Matteo Interlandi、Shaghayegh Mardani、Todd Millstein、Madanlal Musuvathi、Kshitij Shah、Sai Deep Tetali、Jason Jia Teoh、Seunghyun Yoo和Harry Xu对Apache Spark的自动故障排除和测试。感谢我的博士生Gulzar为将软件工程应用于数据分析之旅提供意见。

这项工作得到了美国国家科学基金会奖1764077的部分支持。

参考文献

[1] D. Culbertson “High demand for data science jobs,” Indeed Hiring Lab, Mar. 15, 2018. [Online]. Available: https://www.hiringlab.org/2018/03/15/data-science-job-postings-growing-quickly.

[2] Wikipedia, “Death of Elaine Herzberg,” Apr. 4, 2020. [Online]. Available: https://en.wikipedia.org/wiki/ Death_of_Elaine_Herzberg.

[3] S. Amershi et al., “Software engineering for machine learning: A case study,” in *Proc. 2019 IEEE/ ACM 41st Int. Conf. Software Engineering: Software Engineering Practice (ICSE-SEIP)*, May 2019, pp. 291–300. doi: 10.1109/ ICSE-SEIP.2019.00042.

[4] M. A. Gulzar, M. Interlandi, X. Han, M. Li, T. Condie, and M. Kim, “Automated debugging in data-intensive scalable computing,” in *Proc. 2017 Symp. Cloud Computing (SoCC' 17)*. New York: ACM, 2017, pp. 520–534. doi: 10.1145/3127479.3131624.

[5] M. A. Gulzar et al., “Bigdebug: Debugging primitives for

关于作者

Miryung Kim 加州大学洛杉矶分校计算机科学系全职教授。研究兴趣包括代码克隆和代码重复的检测、管理及删除解决方案。在定义将软件工程应用于数据科学这一新兴领域中发挥了领导作用。在西雅图的华盛顿大学获得计算机科学和工程的博士学位。获得美国国家科学基金杰出青年科学家奖、微软软件工程创新基金会奖、谷歌教师研究奖以及大川基金会研究奖等。计算机协会欧洲软件工程联合会议和2022年软件工程基础研讨会以及2019年软件维护和演进国际会议的项目联合主席，IEEE《软件工程评论》的副编辑。联系方式：miryung@cs.ucla.edu。

interactive big data processing in spark," in *Proc. 38th Int. Conf. Software Engineering (ICSE' 16)*. New York: ACM, 2016, pp. 784–795. doi: 10.1145/2884781.2884813.

[6] M. A. Gulzar, S. Mardani, M. Musuvathi, and M. Kim, "Whitebox testing of big data analytics with complex user-defined function," in *Proc. 2019 27th ACM Joint Meeting European Software Engineering Conf. and Symp. the Foundations of Software Engineering (ESEC/FSE 2019)*. New York: ACM, 2019, pages 290–301. doi: 10.1145/3338906.3338953.

[7] M. Interlandi et al., "Adding data provenance support to apache spark," *VLDB J.*, vol. 27, no. 5, pp. 595–615, Aug. 2017. doi: 10.1007/ s00778-017-0474-5.

[8] M. Interlandi et al., "Optimizing interactive development of data-intensive application," in *Proc. Seventh ACM Symp. Cloud Computing*, Santa Clara, CA, Oct. 5–7, 2016, pp. 510–522. 2016. doi: 10.1145/2987550.2987565.

[9] M. Kim, T. Zimmermann, R. DeLine, and A. Begel, "The emerging role of data scientists on software development teams," in *Proc. 38th Int. Conf. Software Engineerin (ICSE' 16)*. New York: ACM, 2016, pages 96–107. doi: 10.1145/2884781.2884783.

[10] M. Kim, T. Zimmermann, R. DeLine, and A. Begel, "Data scientists in software teams: State of the art and challenges," *IEEE Trans. Softw. Eng.*, vol. 44, no. 11, pp. 1024–1038, Nov. 1, 2018. doi: 10.1109/TSE.2017.2754374.

[11] P. W. Koh and P. Liang, "Understanding black-box predictions via influence functions," in *Proc. 34th Int. Conf. Machine Learning (ICML-17)*, vol. 70. New York: ACM, 2017, pp. 1885–1894.

[12] D. Sculley et al., "Hidden technical debt in machine learning systems," in *Advances in Neural Information Processing Systems*, vol. 28, C. Cortes, N. D. Lawrence, D. D. Lee, M. Sugiyama, and R. Garnett, Eds. Red Hook, NY: Curran Associates, Inc., 2015, pp. 2503–2511.

[13] S. Segura, G. Fraser, A. B. Sanchez, and A. Ruiz-Cortes, "A survey on metamorphic testing," *IEEE Trans. Softw. Eng.*, vol. 42, no. 9, pp. 805–824, Sept. 2016. doi: 10.1109/TSE.2016.2532875.

[14] J. Teoh, M. A. Gulzar, G. H. Xu, and M. Kim, "Perfdebug: Performance debugging of computation skew in dataflow system," in *Proc. ACM Symp. Cloud Computing (SoCC' 19)*, pp. 465–476. New York: ACM, 2019. ACM. doi: 10.1145/3357223.3362727.

（本文内容来自IEEE Software, Jul.-Aug. 2020） **Software**

从多重物理量多组件科学代码的软件设计中得到的启示

文 | Anshu Dubey 美国伊利诺伊州阿贡国家实验室
译 | 涂宇鸽

利用模拟进行科学发现时，模拟中使用的软件需要经历严格的设计和开发过程，类似于实验科学中的实验室仪器。为找出好的设计方法，了解需求、限制和挑战至关重要。本文介绍了长期管理多重物理量多组件软件 FLASH 的心得。FLASH 是 20 多年前为天体物理学设计的，现在为多个学界服务，并成功适应了不断变化的高性能计算世界。

在过去的二十年中，计算硬件及计算数学的进步改变了科学发现的方法。工程方面的计算进展在降低、有时甚至是消除产品设计的实验成本方面发挥了重要作用。虽然计算的好处得到了重视，但人们还没有完全认识到科学软件和实验室仪器之间的等同性。实验科学家明白，他们的科学质量取决于自己实验室仪器的质量。但在计算科学领域，还没有像这样理解软件质量的角色，所以仍然很难让该领域的科学家相信，在强大的软件设计方面的前期投资符合他们的最佳利益。这项投资的回报将持续多年[1]，不仅能够产出高质量科学，还能够提高团队成员的科学生产力，极具价值。

在科学发现的世界中，可以为许多不同的目的开发软件。设计软件的最佳做法可能因其使用目标不同而有所差异。本文将重点介绍一种设计方法，笔者发现这种方法在开发多重物理量多组件软件FLASH时非常有用。FLASH设计的初衷是用作天体物理学的学界工具[2,3]，后来又为其他几个领域所使用，因为它的设计使这些其他领域的定制相对容易。

设计挑战

在讨论设计方法的细节之前，最好先解释一下通过模拟进行科学研究的内容及其挑战。通过模拟进行科学研究的过程大致如图1所示。将感兴趣的现象捕捉到数学模型中，随后将之离散化，这样便可以应用数值方法获得其解决方案。验证是确保模型正确实施的过程，是通过测试软件的正确性、稳定性和收敛性来实现的。验证的目的是确保所设计的模型通过与

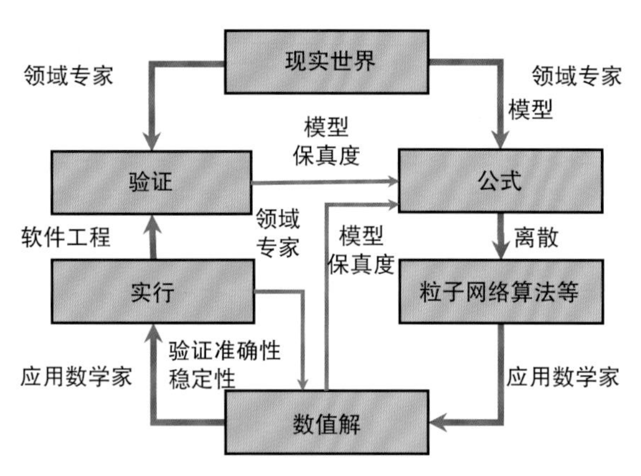

图1 科学发现中常见的模拟使用方式示意图

实验和/或观察结果的比较，充分捕捉所关注的现象。图中的各种反馈回路代表了开发过程中的一些步骤，其中重要的是要进行合理性检验，确保进展与正在当下的科学目标一致。

尽管图1展示了发展的各个阶段，但它对每个阶段的挑战说明甚少。整个设计过程是一个在相互竞争的问题之间进行平衡的行为。众所周知的软件设计原则与自然界的要求对控制流提出的要求可能会产生矛盾。例如，最基本的优秀软件设计原则是模块化和封装。然而，现实世界是混乱的，捕捉其行为的模型可能不容易被模块化。同样，人们希望设计的数据布局能够最大限度地减少内存中的重新排列，并最大限度地提高空间和时间的定位性，以获得良好的性能。然而，往往不同求解程序的最佳数据布局有所不同，人们必须考虑重新安排数据的成本与次优布局造成的速度下降之间的权衡。

方法论

图1所示的所需的专业知识图展现出了另一个挑战。开发团队的成员可能来自不同的领域，掌握不同的专业知识。设计需要认识到跨学科团队想要富有成效所必需的技术。一个关键的原则是使人们能够专注于他们最熟悉的领域，而不需要学习软件的方方面面，即关注点分离。也就是说，开发软件时，软件的不同方面不至于过度相互干扰。例如，在为分布式内存机器编写并行代码时，一个好的做法是将所有的本地计算与那些需要在处理器之间通信的计算分开。例如，如果代码是这样组织的，应用数学家进行算法开发时，可以在很大程度上不受并行化影响。同时，性能工程师可以专注于优化扩展，而不必了解所有的数学计算。

实现关注点分离的关键与模块化和封装的需求有关

这一原则是众所周知的，许多项目都遵循这一原则，并在各自的科学团体中取得了成功[4]。实现关注点分离的关键与模块化和封装的需求有关。而这又带来了由自然界决定的模块间横向互动的问题，可能会造成难以封装。一种实现封装的表象的方法是在类似的、定义明确的功能的基础上进行模块化，并在需要时为横向耦合提供明确的接口。接口的设计应该在充足的功能性和灵活性之间取得良好的平衡，而不至于造成不必要的臃肿。图2显示了实现关注点分离的一个工作流程，共有两个开发分支，一个与代码的基础设施和记账部分有关，另一个是进行计算的算术部分。这两个分支在一些地方通过接口进行交互，在这些接口上第一个分支提供第二个分支所需要的服务。第二分支中的组件有时可能会发生变化，需要传达给第一分支，因此规定要对第一分支进行增强。

另一种基本的设计方法在上述讨论中已有提及，

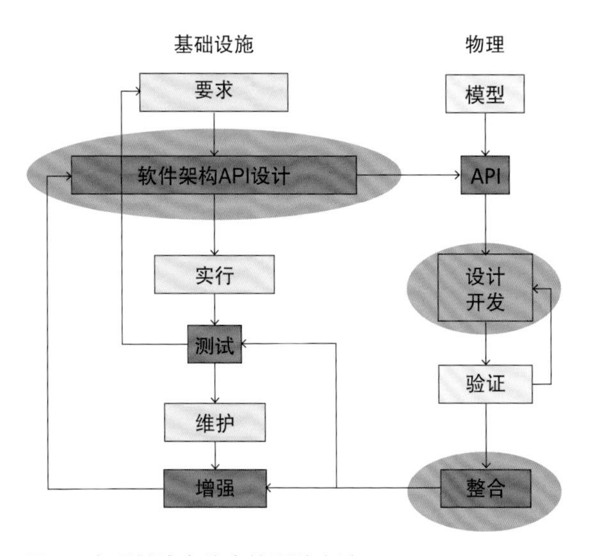

图2 实现关注点分离的设计方法

对于长寿灵活的科学代码而言至关重要。其基础是认识到这两个分支的设计应该区别对待。基础设施为代码的骨干部分，是代码的健壮性、性能特征和可扩展性的关键，因此也是其寿命的关键。作为服务提供方，代码的这一部分需要对科学模型中使用的算法所带来的设计约束有透彻了解。用原型设计和评估仔细探索设计空间需要一笔不小的前期投资，但正是这笔投资最终得到了回报。由于硬件和数值方法的不断发展，在一定的节奏下，即使是基础设施也不可避免地要进行深度重构。但是，如果设计得好，通常不需要通过几代计算平台大修大改。

科学软件是为了探索而开发的，所以很少以完全相同的方式多次使用

代码的另一部分，即实现模型的部分，应该被视为客户代码，在可行的情况下尽量采用即插即用的设计。科学领域的发展通常与模型保真度和实行模型的方法的进步同步出现。由于科学活动通常将代码带入未知的领域进行探索，代码的这一部分会受到持续、快速的变化影响，其设计应该能够快速吸收这些进展。理想情况下，这些进展和所有需要的定制应该完全不涉及基础设施，或者最多需要对基础设施进行微小调整。图3描述了设计软件架构的方法，该架构可以容纳存于软件中的强大的、缓慢发展的基础设施和灵活、敏捷的科学求解程序。

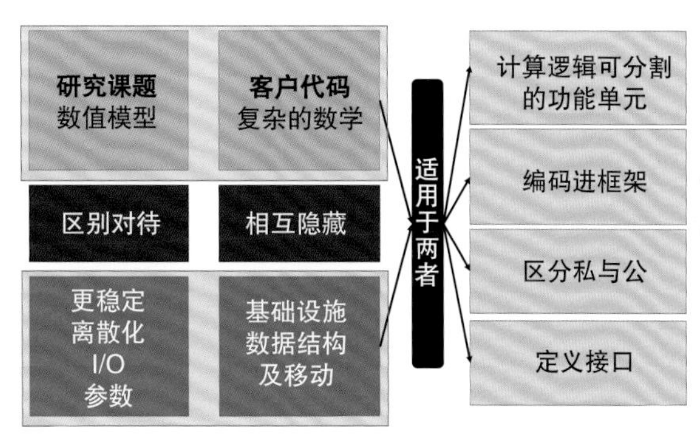

图3 容纳慢速发展和快速发展组件的软件架构概览

科学软件是为了探索而开发的，所以很少以完全相同的方式多次使用，每一个使用软件的新科学项目都可能以某种方式调整、修改和定制软件。通常情况下，新项目可能会添加全新功能，因此可扩展性和可定制性至关重要。但由于未来可能需要的方向很难预测，这两点也是不容易实现的。一个额外的新挑战是，计算平台的异质性越来越强。如今，即使是中等规模的集群也没有某种形式的加速器来提供大部分的计算能力。不同供应商以及同一供应商不同代际的加速器都各不相同，这就需要使关注点分离更具体，接口更灵活。想要平衡这些稍显冲突的要求，一个方法是设计如图4所示的分层访问基础设施，其中数值方法的细节只为图中物理学的完全封装部分所知。封装

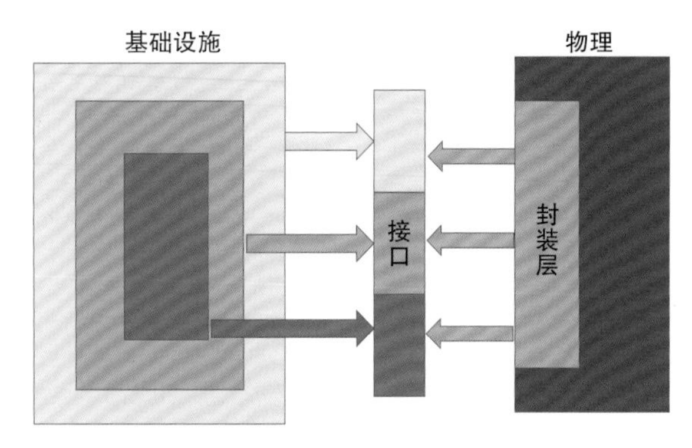

图4 分层访问框架功能的接口设计

层选择了可能暴露给其他物理组件的功能，并允许它们之间根据需要进行横向耦合。基础设施反过来将其功能在不同的粒度和层次上暴露给物理组件。这种分层允许物理模块的开发者有一定的透明度。要求稍低的物理模块可以选择更高的透明度，并在表面上与基础设施进行交互。然而，如果物理模块的开发者希望对资源的使用有更多控制并运行基础设施的高级功能，可以选择在更深层次上与基础设施交互。这就是对基础设施的认识和理解程度与性能更佳的可能性之间的权衡。这样的设计还有一个好处，即它并不排除需要与待计算的基础设施进行深度交互的物理学的可能性。因此，一个关键的设计原则是，只要需要在对终端用户的透明度和灵活性之间进行选择，软件架构师就应该选择灵活性。

结论

平台中增加的异质性所带来的一个非常重要的问题是，设计过程应变化多少来应对这种异质性。根据我们开发由FLASH衍生出的新的超大规模代码Flash-X的经验来看，基本的设计原则并没有改变，但细节变得更加复杂。图2中圈出的方框结合图4所示的分层界面设计，足以满足我们的需求。基础设施变得更加复杂了[5]，但是关注点分离、模块化、灵活性和深思熟虑的接口等基本原则仍然适用。

关于作者

Anshu Dubey 美国伊利诺伊州阿贡国家实验室数学和计算机科学部计算科学家。1985年在印度理工学院获得电子工程学士学位，1993年在美国欧道明大学获得计算机科学博士学位。研究兴趣包括高性能科学计算和软件可持续性。联系方式：adubey@anl.gov。

致谢

本研究工作受到了美国能源部科学办公室的支持，合同为DE-AC02- 06CH11357。

参考文献

[1] A. Dubey, P. Tzeferacos, and D. Q. Lamb, “The dividends of investing in computational software design: A case study,” *Int. J. High Perform. Comput. Appl.* vol. 33, no. 2, pp. 322–331, 2019, doi: 10.1177/1094342017747692.

[2] A. Dubey et al., “Extensible component-based architecture for FLASH, a massively parallel, multiphysics simulation code,” *Parallel Comput.*, vol. 35, no. 10–11, pp. 512–522, 2009, doi: 10.1016/j. parco.2009.08.001.

[3] A. Dubey et al., “Evolution of FLASH, a multi-physics scientific simulation code for high-performance computing,” *Int. J. High Perform. Comput. Appl.*, vol. 28, no. 2, pp. 225–237, 2014, doi: 10.1177/1094342013505656.

[4] A. Grannan, K. Sood, B. Norris, and A. Dubey, “Understanding the landscape of scientific software used on high-performance computing platforms,” *Int. J. High Perform. Comput. Appl.*, vol. 34, no. 4, pp. 465–477, 2020, doi: 10.1177/1094342019899451.

[5] A. Dubey, J. O’Neal, K. Weide, and S. Chawdhary, “Distillation of best practices from refactoring flash for exascale,” *SN Comput. Sci.*, vol. 1, no. 4, pp. 1–9, 2020, doi: 10.1007/s42979-020-0077-x.

*（本文内容来自Computing in Science & Engineering, May–Jun. 2021）*Computing SCIENCE & ENGINEERING

异常事件序列检测

文 | Boxiang Dong　美国蒙特克莱尔州立大学
Zhengzhang Chen，Lu-An Tang，Haifeng Chen　美国 NEC 实验室
Hui Wang　美国史蒂文斯理工学院
Kai Zhang　美国天普大学
Ying Lin　美国休斯敦大学
Zhichun Li　美国 Stellar Cyber 公司
译 | 涂宇鸽

异常检测可以检测偏离多数的异常事件 / 实体，在现代数据驱动的安全应用程序中有着广泛应用。然而，检测可疑事件序列 / 路径的相关研究较为缺乏。在区分复杂系统（如网络物理系统）中的正常和异常行为时，相较单个事件 / 实体，序列和路径是更好的鉴别器。如何有效、准确地从数百万个系统事件记录中发现异常事件序列，是本项工作关键且具有挑战性的一步。为了解决这个问题，我们提出了 NINA，即基于网络扩散的算法，识别异常事件序列。静态和流数据的实验结果表明，NINA 是高效的（每分钟可处理约 200 万条记录）、准确的。

异常检测在欺诈检测、网络安全、医疗诊断、工业制造等实际数据驱动应用中发挥着重要作用[1~3]。识别、理解大量数据中潜在的规律性和不规律性，是异常检测的任务。通过识别潜在的异常或不规律特征，我们可以提取关键的可操作信息，帮助人类决策，减轻潜在的危害。

尽管近年来异常检测技术取得了重大进展[4~10]，但大数据的兴起为设计高效准确的异常检测方法带来了新挑战。首先，一个真正复杂的系统往往要处理大量的事件数据（通常每秒有数千个事件），从如此大规模的（且可能是快速流的）数据中识别异常系统行为，是一个挑战；其次，由于系统实体类型的多样性，高维特征在后续处理中成为必然，如此巨大的特征空间，很容易导致贝尔曼提出的“维度诅咒”问题。

更重要的是，通常情况下，确定系统状态的是多个协同或序列的事件，而非独立的事件。这是因为，系统监控数据通常由各种实体之间的低级事件或交互（如企业网络中某个程序连接到服务器）构成，而异常系统行为是更高级别的活动，通常涉及多个事件。以高级持续性威胁（Advanced Persistent Threat）的网络攻击为例，它由一组隐蔽、持续的计算机黑客程序

构成，首先试图在环境中站稳脚跟，再通过受感染的系统访问目标网络，然后部署能够实现攻击目标的其他工具。低级系统事件和高级异常活动之间的差距，使识别参与真正恶意活动的事件变得极具挑战性，更何况我们还要考虑充斥事件序列的大量“嘈杂”事件。因此，识别系统状态单个事件/实体的方法，不适合检测不同事件间的交互序列。

为了应对这些挑战，本文介绍了NINA（一种基于网络扩散的异常检测技术），它可以有效捕获异常事件序列。我们还特别提出了一个转移概率模型，从系统监控图中捕获常规实体行为。我们为每个候选事件序列计算了异常分数，量化其与正常配置文件相比的“稀有性”。为了消除序列长度中的潜在分数偏差，我们使用幂变换的方法，归一化异常分数，使不同长度的路径分数具有相同的分布。为了进一步提高检测效率，我们设计了可疑路径发现方法的优化方案。优化方案允许提前终止图像搜索过程，只彻查图像中的少数路径，找出其中最可疑的。大量实验表明NINA是高效（每分钟可处理约200万条记录）、准确的。

方法

概述

给定一系列事件ε、因用户而异的正整数l和k、时间窗口大小Δt，我们的目标是，在Δt时间段内，找到ε中包含最多l个事件的k个最可疑异常事件序列。

本文提出了NINA，即一种基于网络扩散的异常检测算法，它可以从大量异构事件迹中发现异常事件序列。图1表示NINA的框架。具体来说，图像建模组件生成捕获事件实体间复杂交互的简图，降低后续分析组件的计算成本。路径模式生成组件构建异常事件序列的模式。候选路径搜索组件发现与恶意事件序列对应的候选事件序列，攻击者可能会使用前者泄露的敏感信息。可疑路径发现组件返回k个最可疑异常分数的路径，作为可疑路径。为进一步减少误报，可疑路径验证组件会测量可疑序列与正常序列的偏差，只有偏差足够大时才将可疑序列标记为异常。

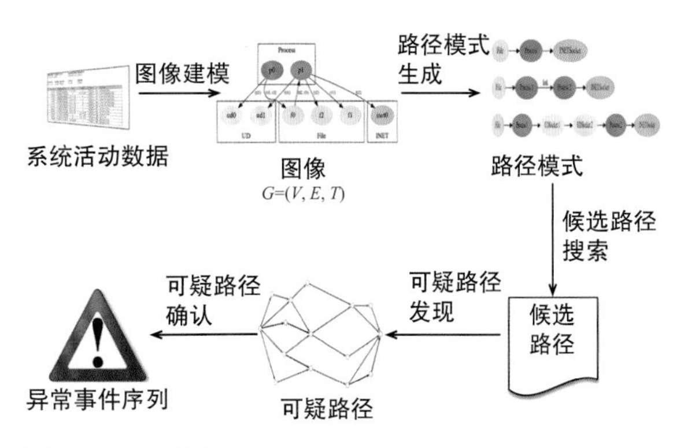

图1　NINA的框架

图像建模

实际情况下，来自复杂系统的监控数据的数目可能非常庞大。例如，监控单个计算机系统的进程交互1小时，所收集的数据就可以轻松达到1GB。这样大量的数据，搜索起来非常消耗时间和空间。因此，我们设计了一个系统事件数据简图。图2为某企业监控数据的简图示例。

从公式来看，给定时间窗口数据，我们构造一个有向图$G=(V,E,T)$，其中：

（1）V是一组顶点，每个顶点代表一个实体。对于企业监控数据（参见“实验设置”），V的每个顶点属于以下四种类型中之一：文件（F）、进程（P）、UD套接字（U）、INET套接字（I），即$V=F\cup P\cup U\cup I$。

（2）E是边的集合。对于每对实体（n_i，n_j），如果存在将信息从n_i发送到n_j的任意系统事件，则在图像种构造一条边（v_i，v_j），其中v_i（v_j）对应n_i（n_j）。

（3）T是一组时间戳。任意边可能与多个时间戳相关联（即相应事件多次发生）。我们使用T（v_i，v_j）

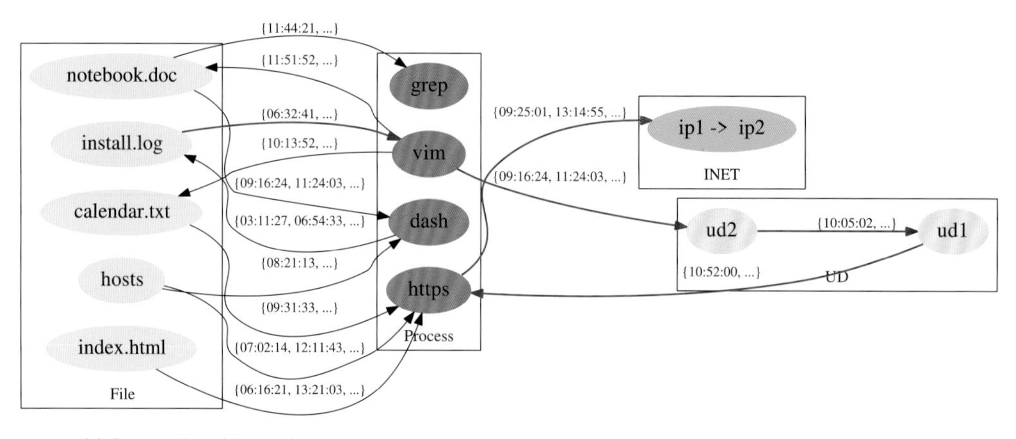

图2　某企业网络的简图建模实例，红色路径对应异常事件序列

表示该事件曾经发生过的时间戳集。公式为

$$T(v_i, v_j)=\{e.t \mid e \in \varepsilon, v_i=e.n_b \text{ and } v_j=e.n_d\}$$

$n_b(n_d)$ 是e的源（目标）实体。

路径模式生成

图像建模组件构建的图像可能是密集连接的。搜索此类图像中的路径可能会耗时很久。为了加快路径搜索过程，我们提出了一种基于元路径的模式生成方法。

元路径[11]模式通过异构图中的一系列关系，连接不同的实体类型。从公式来看，给定一个图像G（V, E, T），路径模式B的形式为$\{X_1, \cdots, X_l\}$，其中每个X_i（$1 \leq i \leq l$）都是一个特定的实体类型（如P，它可以映射到任意系统进程）。给定路径$p \in G$和G的路径模式B，$p[i]$和$B[i]$分别表示p和B中的第i个节点，p与B一致，记为$p \prec B$。如果p和B有相同的长度，对于每个i，$p[i] \in B[i]$（即特定实体$p[i]$属于实体类型$B[i]$），G s.t.中至少存在一条$p \prec B$的路径，则B为有效路径模式。

候选路径搜索

基于有效路径模式$\mathcal{B}$，候选路径搜索组件会搜索G中与$\mathcal{B}$一致的路径。从公式来看，给定一组路径模式$\mathcal{B}$，候选路径搜索组件的目标是找到一组候选路径$\mathcal{C}$：

$$\mathcal{C}=\{p \mid p \in G, \exists B \in \mathcal{B} \text{ s.t. } p \prec B\} \qquad (1)$$

除了一致性要求，我们还对搜索过程进行了时间顺序约束，要求对于每条路径，其对应的事件序列必须遵循时间顺序。从公式来看，如果对于$\forall i \in [1, r-1]$，存在$t_1 \in T(n_i, n_{i+1})$和$t_2 \in T(n_{i+1}, n_{i+2})$（如$t_1 \leq t_2$），则路径$p=\{n_1, \cdots, n_{r+1}\}$满足时间顺序约束。此条件在相应事件序列中强制执行时间顺序。

生成候选路径的直接方法是在广度优先搜索中应用路径模式和时间顺序约束。扫描一次系统事件图G就足够找到所有候选路径。为了减少空间的额外消耗，我们为每条发现的候选路径计算异常分数（见“可疑路径发现”），仅在该路径位于k个最可疑列表中时才将其存入内存。

可疑路径发现

候选路径搜索组件发现的一些候选路径可能与异常行为无关。因此，我们有必要从大量候选路径中，识别出极有可能与异常事件序列有关的可疑路径。我们的基本思想是通过系统实体和实体间交互来定义异常。我们为每条路径分配一个异常分数，用于量化其异常程度。接下来讨论如何计算异常分数。

首先，我们为每个系统实体分配两个分数，即发送方分数和接收方分数。发送方（接收方）分数用于衡量实体作为信息流源（目的地）的活跃度，两个分数都是通过系统事件图G中的信息流来计算的。具体来说，给定图G，我们生成一个$N*N$的方形转移矩阵

A，其中N是实体的总数，并且

$$A[i][j]=\text{prob}(v_i \to v_j)=\frac{|T(v_i,v_j)|}{\left|\sum_{k=1}^{N}|T(v_i,v_k)|\right|} \quad (2)$$

其中，$T(v_i,v_j)$表示v_i和v_j之间的事件曾经发生过的时间戳集。

$A[i][j]$直观表示信息在G中从v_i流向v_j的概率。我们将A表示为

$$A=\begin{vmatrix} & P & F & I & U \\ P & 0 & A^{P\to F} & A^{P\to I} & A^{P\to U} \\ F & A^{F\to P} & 0 & 0 & 0 \\ I & A^{I\to P} & 0 & 0 & 0 \\ U & A^{U\to P} & 0 & 0 & A^{U\to U} \end{vmatrix} \quad (3)$$

其中，0表示零子矩阵。请注意，A（3）的非零子矩阵仅出现在进程与文件、进程与套接字、UD套接字之间。由于Unix系统的设计，信息只能在这些实体之间流动。

令x为发送方得分向量，$x(v_i)$表示节点v_i的发送方得分。类似地，我们使用y表示接收方得分向量。为了计算每个节点（实体）的发送方和接收方分数，我们首先分配初始分数。我们随机生成初始向量x_0和y_0，通过以下迭代更新这两个向量：

$$\begin{cases} x_{m+1}^{\mathrm{T}}=A*y_m^{\mathrm{T}} \\ y_{m+1}^{\mathrm{T}}=A^{\mathrm{T}}*x_m^{\mathrm{T}} \end{cases} \quad (4)$$

其中，T表示矩阵转置。

从式（4）可推导出

$$\begin{cases} x_{m+1}^{\mathrm{T}}=(A*A^{\mathrm{T}})*X_{m-1}^{\mathrm{T}} \\ y_{m+1}^{\mathrm{T}}=(A^{\mathrm{T}}*A)*y_{m-1}^{\mathrm{T}} \end{cases} \quad (5)$$

在式（5）中，我们独立更新两个得分向量。容易看出，习得的分数x_m和y_m取决于初始分数向量x_0和y_0。不同的初始得分向量导致不同的学习得分值。为了习得准确的发送方和接收方分数，很难选择“好的”初始分数向量。然而，我们发现矩阵理论的一个重要性质，即矩阵的稳态性质，可以消除x_0和y_0对结果分数的影响。具体来说，设M为一般方阵，p为一般向量。通过以下公式重复更新p:

$$\pi_{m+1}^{\mathrm{T}}=M*\pi_m^{\mathrm{T}} \quad (6)$$

对于足够大的m值，存在可能的收敛状态使得$\pi_{m+1}=\pi_m$。在这种情况下，只有一个唯一的p_n可以达到收敛状态，即

$$\pi_n^{\mathrm{T}}=M*\pi_n^{\mathrm{T}} \quad (7)$$

收敛状态具有收敛向量仅依赖于矩阵M的良好特性，但独立于初始向量值π_0。基于这个特性，我们希望发送方和接收方向量能够达到收敛状态。接下来讨论如何确保收敛。

要达到收敛状态，矩阵M必须满足两个条件：不可约性和非周期性。由于系统事件图G并不总是强连通的，因此式（5）中的迭代可能无法达到收敛状态。为了保证收敛状态，我们添加了一个重启矩阵R，用于在异构图[12]和二部图上随机游走[5]。R通常是一个$N*N$大小的矩阵，条目都是$\frac{1}{N}$S。有了R，我们可以得到一个新的转移矩阵$\overline{A}$

$$\overline{A}=(1-c)*A+c*R \quad (8)$$

其中，c是一个介于0和1之间的值，称为重启率。重启技术可以保证$\overline{A}$为不可约且非周期性的矩阵。在式（5）中用$\overline{A}$替换A，我们能够得到收敛的发送方得分向量x和接收方得分向量y。我们也可以通过控制重启率值，来控制收敛速度。实验表明，我们通常可以在十次迭代内达到收敛。

给定路径$p=(v_1,\cdots,v_{r+1})$，根据发送方和接收方的分数，异常分数计算为

$$\text{Score}(p)=1-NS(p) \quad (9)$$

其中，$NS(p)$是通过以下公式计算的路径规律性分数：

$$NS(p)=\prod_{i=1}^{r}x(v_i)*A[i][j]*y(v_{i+1}) \quad (10)$$

其中，x和y是发送方和接收方向量，A由式（3）计算可得到。在式（10）中，$x(v_i)*A[i][j]*y(v_{i+1})$测量$v_i$向$v_{i+1}$发送信息的事件（边）正态性。直观来说，任意涉及至少一个异常事件的路径都会得到较高的异常分数。

对于每条路径$p\in\mathcal{C}$，我们通过式（9）计算异常分数。但是显而易见，较长的路径往往比较短的路径具有更高的异常分数。为了消除路径长度的分数偏差，我们对异常分数进行归一化，使不同长度的路径分数具有相同的分布状况。令T表示归一化函数。我们使用Box-Cox幂变换函数作为归一化函数，令$Q(r)$表示归一化前r长度路径的异常分数集。对于每个分数$q\in Q(r)$，都有：

$$\mathcal{T}(q,\lambda)=\begin{cases}\dfrac{q^{\lambda}-1}{\lambda} & :\lambda\neq 0\\ \log q & :\lambda=0\end{cases} \quad (11)$$

其中，λ是归一化参数。不同的值会产生不同的变换分布，我们的目标是找到最优值，使归一化后的分布尽可能接近正态分布（即$\mathcal{T}(Q,\lambda)\sim N(\mu,\sigma^2)$）。

接下来，我们讨论如何计算最优λ。首先，我们假设有λ存在，使得$\mathcal{T}(Q,\lambda)\sim N(\mu,\sigma^2)$。归一化分数的密度是

$$\mathrm{Prob}(\mathcal{T}(q,\lambda))=\frac{\exp\left(-\frac{1}{2\sigma^2}(\mathcal{T}(q,\lambda)-\mu)^2\right)}{\sqrt{2\pi}\sigma} \quad (12)$$

归一化分布的轮廓对数似然为

$$\mathcal{L}(Q,\lambda)=-\frac{n}{2}\log\left(\sum_{i=1}^{n}\frac{\left(\mathcal{T}(q_i,\lambda)-\mathcal{T}(\bar{q},\lambda)\right)^2}{n}\right)+(\lambda-1)\sum_{i=1}^{n}\log q_i \quad (13)$$

其中，$\mathcal{T}(\bar{q},\lambda)=\frac{1}{n}\sum_{i=1}^{n}\mathcal{T}(q_i,\lambda)$。

为了使归一化分布和高斯分布之间的边界最小化，我们找到了最大化对数似然的λ。一个解决方案是对λ采用$\mathcal{L}(Q,\lambda)$的导数，选出使$\frac{\partial\mathcal{L}}{\partial\lambda}=0$的$\lambda$。

可疑路径验证

为了进一步验证发现的可疑路径，我们计算两组路径之间的t值，包括候选非可疑路径集$\mathcal{C}\backslash\mathcal{S}$和发现的可疑路径集$\mathcal{S}$。$t$检验返回置信度分数，用于确定两组路径之间的统计差异。如果置信度得分大于0.9且p值小于0.05，则$\mathcal{S}$中的所有路径都被视为与异常行为相关的异常路径。否则，这些路径被视为正常路径，不会发出警报。可疑路径验证组件可防止NINA在没有异常时发送错误警报。

可疑路径发现的优化

可疑路径发现方法计算每个候选路径的异常分数。然而，候选路径的数目可能极其庞大。如果我们只需要检查少量候选路径，就能找到那些可疑路径，情况则会十分理想。在本节中，我们设计了优化方案OPT，集成阈值算法rithm[14]与我们的NINA算法，解决这个问题。优化后的方案显著提高了可疑路径发现的效率。

直观来看，k个最可疑路径是具有k个最大异常分数Score (p)的候选路径。我们观察得知，异常评分函数具有单调性。特别地，给定两条长度相同的路径

p和p'，其中$p=(v_1, \cdots, v_{l+1})$，$p'=(v'_1, \cdots, v'_{l+1})$。如果对于$i\in[1,l+1]$有$x(v_i) \le X(V'_i)$，$y(v_i) \le y(v'_i)$，$A[i][j] \le A[i'][j']$，则$NS(p) \le NS(p')$必为真，因此Score $(p) \ge$ Score (p')。基于单调性，我们设计了一种高效的程序来查找k条最可疑路径，无需计算每条路径的异常分数。

我们的算法改编自著名的阈值算法[14]。首先，我们在图G上应用随机游走，计算两个向量x和y。其次，对于每种类型的实体，我们创建两个队列，分别按照发送方分数和接收方分数进行降序排序。我们还根据概率对边$A[i][j]$进行排序。然后，在WHILE循环的每次迭代中，我们从每个队列中获取得分最小的实体或边，识别包含这些实体和边的所有有效路径。假设存在由这些实体和边组成的路径p，计算Score (p)。显然，Score (p)代表所有未探索的路径的最高异常分数。如果Score (p)不大于输出SP中所有路径的最小异常分数，我们停止迭代并输出SP。否则，路径$\mathcal{P}$涉及至少一个在任意队列中得分最高的未检查实体，我们将计算这些路径的异常分数。令第k条路径$p_k \in SP$为SP中具有最小异常分数的路径。对于任意使得Score(p)>Score(p_k)的路径$p\in\mathcal{P}$，我们用p替换p_k。换句话说，如果未探索路径的最大异常分数低于Score(p_k)，则可以终止搜索过程，提出准确解决方案。然后，我们只需要计算异常分数，并对少量有效路径进行BoxCox变换和t检验，即可找到k个最可疑路径。实验证明，如果聚合函数具有单调性，则阈值算法可以正确找到k个最可疑结果[14]。因此，我们的优化算法可以有效、准确地找到k个最可疑路径。

实验

实验设置

数据集：我们在实验中使用了真实的系统监控数据集。数据由33台UNIX设备组成的企业网络收集，时间跨度为连续三天（即72小时）。数据集的绝对大小约为157GB。我们考虑了四种不同类型的系统实体：文件、进程、UD套接字、INET套接字。每种类型的实体都与一组属性和一个唯一的标识符相关联。本文考虑了两种类型的事件（即系统实体之间的交互）：进程访问的文件；进程间的交互。总共有大约4.4亿个系统事件。这些事件与410166个进程、1797501个文件、185076个UD套接字、18391个INET套接字相关。

攻击描述：有十种不同类型的攻击，包括斯诺登攻击、僵尸网络攻击、木马攻击（完整攻击细节请见参考文献[15]），长度从3到5不等。对于每种类型的攻击，我们尝试了十种不同攻击场景，整个数据收集期间总共产生300个事件序列，对应数据的入侵攻击。所有十种类型的攻击都利用事件序列，将敏感信息传输给未经授权的一方。

基线：我们将该算法与许多最先进的算法和NINA变体进行了比较。以下简要介绍这些基线方法。

（1）OutRank6：该方法基于图像从一组对象中检测异常。

（2）NGRAM16：该方法已被广泛研究，用于识别攻击和恶意软件。

（3）iBOAT8：该方法对于发现GPS迹中的可疑迹十分有效。

（4）PAGE：该方法利用著名的PageeRank[12]算法来计算实体分数。异常分数计算与式（9）和式（10）类似，只是忽略了$A[i][j]$。

（5）NINA-UNNORMAL：在这种方法中，我们有意避免归一化不同长度路径的异常分数。

实验设置：我们在以下设置中评估NINA。

（1）静态：我们在第十个小时收集的监控数据中获取事件，离线对这些事件执行检测算法。具体来说，我们将全部监控数据一次性馈送到检测算法。所有需要的数据都存储在内存中，共有800万个系统事件。我们在第十个小时发起了12次攻击。

（2）流数据：监控数据以流的方式传递给NINA，即一次处理一个系统事件。NINA根据传入事件以及所有实体的发送方和接收方分数，对图像（特别是边权重）进行更新。我们每小时保留一个实体分数的快照进行评估，即将Δt设置为1小时。

静态评估

检测准确性：我们比较了NINA的检测准确性与基线方法。为了量化检测精度，我们选择不同的k值（10~1000），并比较了检测到的警报和与攻击相关的真实事件序列。基于结果，我们绘制了图3中的接收器操作特性（ROC）曲线。我们省略了优化方案OPT，因为它具有与NINA相同的精度。

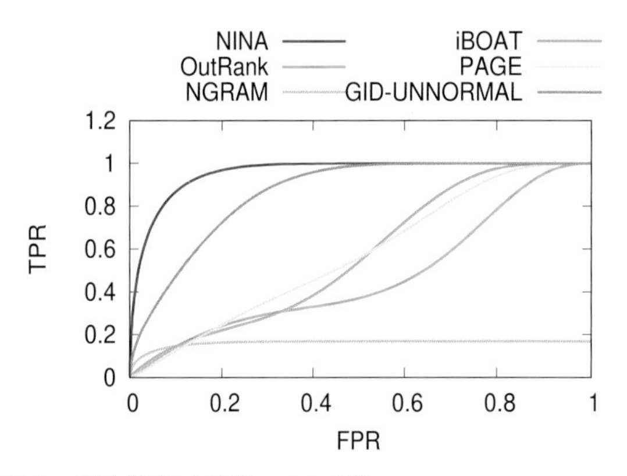

图3　静态数据方面的ROC曲线

结果证明了NINA能够有效、准确地检测攻击。NINA的准确度极大优于基线方法。

在实践中，期望用户准确估计真实攻击序列长度ℓ是不现实的。因此，我们测量了ℓ的选择对检测精度的影响。由于真实事件序列的长度最多为5，我们使ℓ为从5到10不等，在图4中展示ROC曲线。我们观察到，尽管ℓ值变大往往会妨碍准确性，但其影响可以忽略不计，尤其是当$\ell \geqslant 8$时。这是因为长事件序列的数目非常少。例如，ℓ=5的序列数为13675，而ℓ=6的序列数仅为625。因此，考虑到长序列的数目有限，NINA的检测精度对ℓ的选择不是很敏感。这使得该方法在实际场景中更为合理。

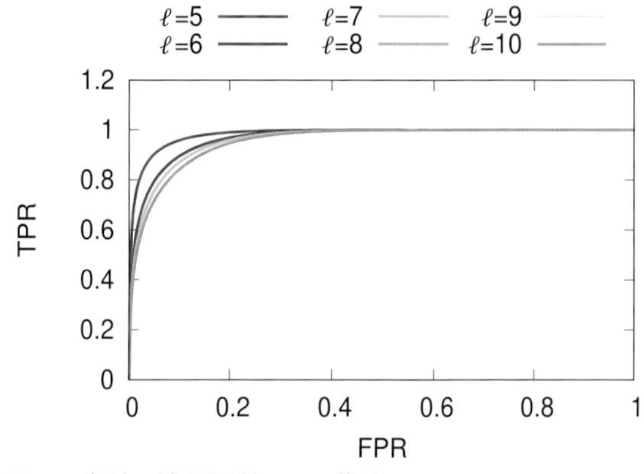

图4　多种ℓ情况下的ROC曲线*w.r.t.*

时间性能：我们比较了NINA、优化方法OPT和基线方法的时间性能，结果如图5所示。我们在此省略了PAGE和NINA-UNNORMAL的时间性能，因为它们非常接近NINA。NINA和OPT的效率明显高于OutRank。为了强调OPT的优势，我们在图5中展示了两种方法可疑路径发现的时间性能（请注意，我们排除了随机游走计算实体分数所消耗的时间）。OPT可节省高达80%的可疑路径发现时间和20%的总检测时间。下文将进一步讨论这一结果。

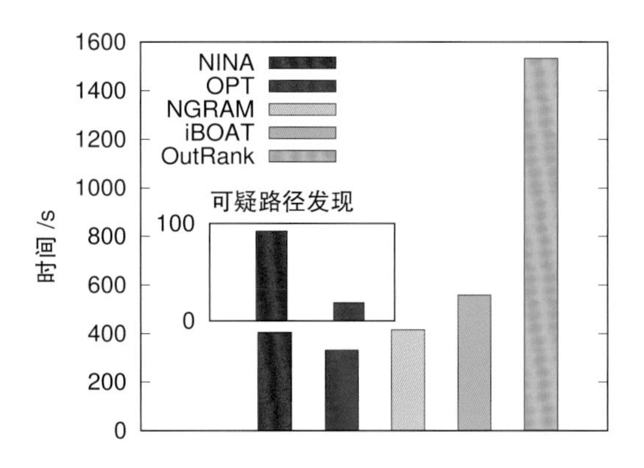

图5　静态数据方面的时间性能

NINA和OPT的主要区别在于可疑路径发现，后者应用阈值算法避免检查所有候选路径。图6显示了NINA和OPT可疑路径发现的时间性能。首先，我们注意到，在两种方法中，ℓ变大会导致时间消耗增多。其次，OPT比NINA效率高很多，原因是OPT避免了发现大部分候选路径和计算其异常分数。当ℓ=3时，OPT所用的时间仅为NINA的8%，这是由短候选路径数目很大所致。

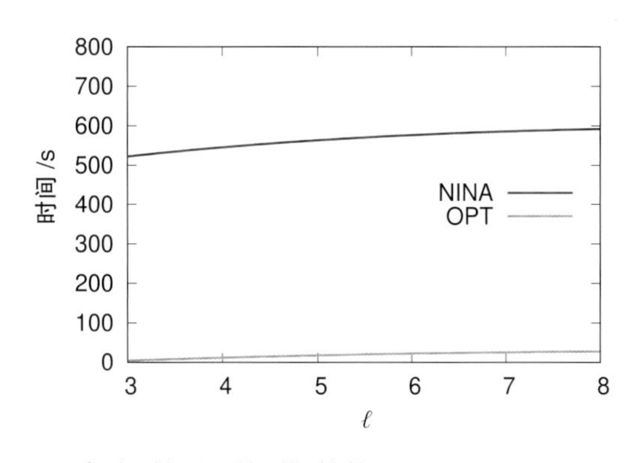

图6　多种ℓ情况下的时间性能*w.r.t.*

流数据评估

检测精度：实体分数快照的更新频率会对检测精度产生巨大影响。令*W*表示更新快照的周期。直观来说，*W*较小，传入事件序列中定位异常时的正常配置文件更新越多。图7评估了NINA对各种*W*的检测精度。显然，当更新周期*W*较小时，NINA具有最优精度。但同样值得注意的是，当*W*小于1h时，减小*W*的好处就微乎其微了。由于较小的*W*会增加更新快照的消耗，我们发现NINA在*W*=1h时，达到了检测精度和更新消耗之间的最优平衡。因此，在实验中，我们每1小时更新一次快照。

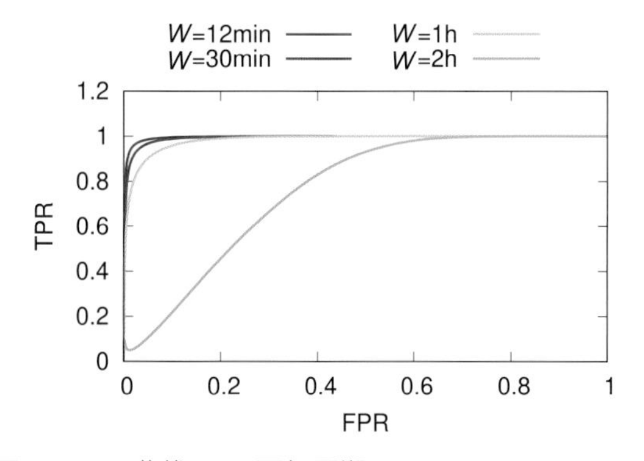

图7　ROC曲线*w.r.t.*更新周期

内存使用：为了显示图像模型的简洁性，我们测量了构造图像的大小。

图8(a)就系统实体和边的数目两方面，展示了系统事件图的大小。平均而言，每个图包含大约351个节点，具有四种不同的类型，边少于1.7*k*。即使在最不理想的情况下，图形仍然在60*k*边的大小范围内。图8(b)为72小时的时间窗口中，每小时图表的平均大小。节点和边的数目由平均1小时内33个图（33个主机）的大小衡量。结果表明，该图确实可以显著减少空间消耗。如图8(c)所示，NINA的内存使用量约为监测数据所需的十分之一。

时间性能：在流数据上执行NINA，主要的计算瓶颈来自快照更新。图9（a）展示了快照更新的时间

	Process	File	INETSocket	UDSocket	Edge
Avg.	117.3	191.36	0.93	41.42	1668.4
Max	1468	23290	130	6735	58555

(a) 系统实体和边的平均/最大数目

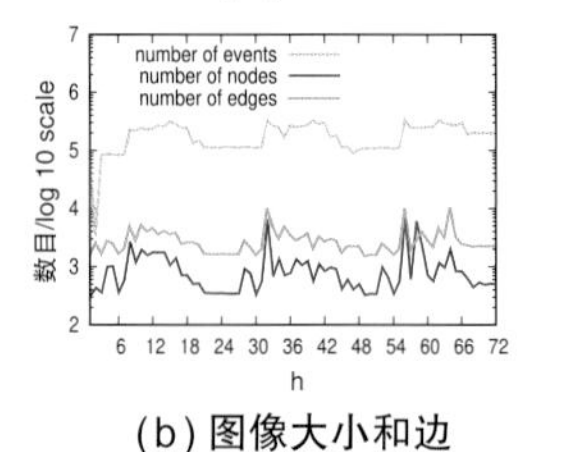

(b) 图像大小和边

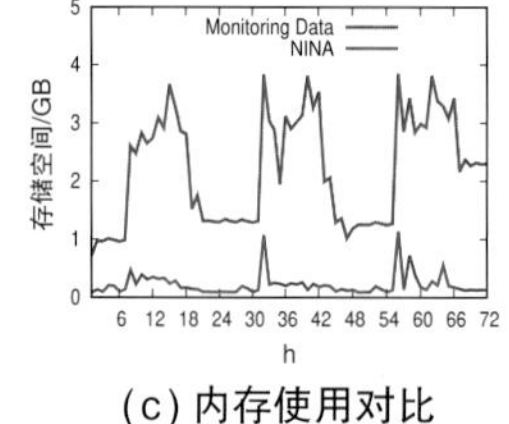

(c) 内存使用对比

图8　图像简洁性

性能。多数情况下，快照更新是有效的（2分钟内）。但在传入事件爆发的高峰时段，更新可能需要长达8分钟。我们进一步分析了每个传入事件的更新时间，并在图9(b)中展示了结果。观察可知，对于每个事件而言，时间消耗可以忽略不计。平均每个事件的触发操作仅需0.28毫秒。因此，NINA可以扩展到每秒3600个事件，与NGRAM和iBOAT相当（每秒分别约为4600和3800个事件），明显快于OutRank（每秒约1200个事件）。

结论

本文解决了异构事件序列数据异常检测的新挑战。不同于以往专注于检测单个实体/事件的方法，我们提出了NINA，即基于网络扩散的方法，用于捕获不同实体之间的交互行为、识别异常事件序列。静态和流数据的实验结果证明了该方法的有效性和效率。未来探索方向可以将提议的框架应用于其他程序（如金融欺诈检测）。

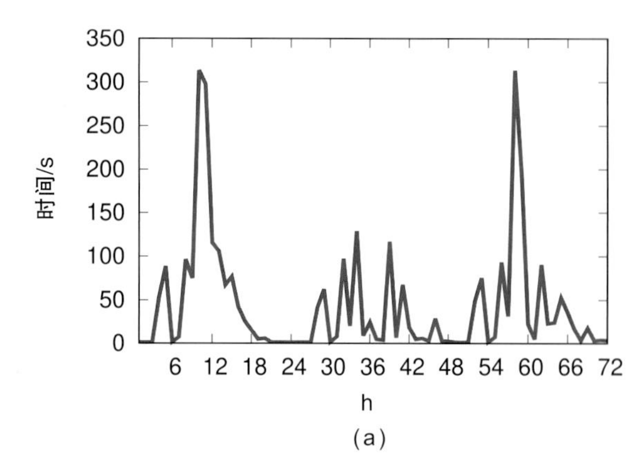

(a)

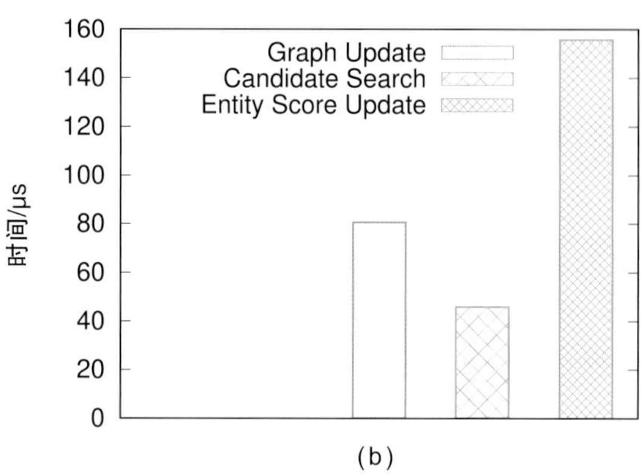

(b)

图9　ROC曲线*w.r.t.*更新周期

参考文献

[1] K. Padmanabhan, Z. Chen, S. Lakshminarasimhan, S. S. Ramaswamy, and B. T. Richardson, "Graph-based anomaly detection," in *Practical Graph Mining With R*. Boca Raton, FL, USA: CRC Press, 2013, p. 311.

[2] S. Wang et al., "Heterogeneous graph matching networks for unknown malware detection," in *Proc. Int. Joint Conf. Artif. Intell. Org.*, 2019, pp. 3762–3770.

[3] V. Chandola, A. Banerjee, and V. Kumar, "Anomaly detection: A survey," *ACM Comput. Surv.*, vol. 41, no. 3, 2009, Art. no. 15.

[4] Z. Chen, W. Hendrix, and N. F. Samatova, "Community-based anomaly detection in evolutionary networks," *J. Intell. Inf. Syst.*, vol. 39, no. 1, pp. 59–85, 2012.

关于作者

Boxiang Dong 美国蒙特克莱尔州立大学计算机科学系助理教授。研究兴趣包括深度学习和网络安全。联系方式：bxdong7@gmail.com。

Zhengzhang Chen 美国NEC实验室高级研究科学家。研究兴趣包括数据挖掘、图像人工智能、机器学习及其应用。联系方式：zchen@nec-labs.com。本文通讯作者。

Hui (Wendy) Wang 美国史蒂文斯理工学院计算机科学系副教授。研究兴趣包括数据管理、数据挖掘、数据安全和隐私。联系方式：hwang4@stevens.edu。

Lu-An Tang 美国NEC实验室高级研究科学家。研究兴趣包括大数据分析和网络安全。联系方式：ltang@nec-labs.com。

Kai Zhang 美国天普大学计算机科学系副教授。研究兴趣包括大规模机器学习和复杂网络。联系方式：zhang.kai@temple.edu。

Ying Lin 美国休斯敦大学工业工程系助理教授。研究兴趣包括数据分析、质量工程、医疗保健。联系方式：ylin53@-central.uh.edu。

Zhichun Li 美国Stellar Cyber公司首席安全科学家。研究兴趣包括安全、系统、网络、大数据、人工智能相关领域。联系方式：zhichun@nec-labs.com。

Haifeng Chen 美国NEC实验室部门主管。研究兴趣包括数据管理和挖掘、人工智能。联系方式：haifeng@nec-labs.c。

[5] J. Sun, H. Qu, D. Chakrabarti, and C. Faloutsos, “Neighborhood formation and anomaly detection in bipartite graphs,” in *Proc. Int. Conf. Data Mining*, 2005, pp. 418–425.

[6] H. Moonesignhe and P.-N. Tan, “Outlier detection using random walks,” in *Proc. Int. Conf. Tools Artif. Intell.*, 2006, pp. 532–539.

[7] Y. Lin et al., “Collaborative alert ranking for anomaly detection,” in *Proc. 27th ACM Int. Conf. Inf. Knowl. Manage.*, 2018, p. 1987–1995.

[8] C. Chen et al., “iBOAT: Isolation-based online anomalous trajectory detection,” *IEEE Trans. Intell. Transp. Syst.*, vol. 14, no. 2, pp. 806–818, Jun. 2013.

[9] Z. Chen, K. A. Wilson, Y. Jin, W. Hendrix, and N. F. Samatova, “Detecting and tracking community dynamics in evolutionary networks,” in *Proc. IEEE Int. Conf. Data Mining Workshops*, 2010, pp. 318–327.

[10] G. Pang, L. Cao, and L. Chen, “Outlier detection in complex categorical data by modelling the feature value couplings,” in *Proc. Int. Joint Conf. Artif. Intell.*, 2016, pp. 1902–1908.

[11] Y. Sun, J. Han, X. Yan, P. S. Yu, and T. Wu, “PathSim: Meta path-based top-k similarity search in heterogeneous information networks,” in *Proc. Int. Conf. Very Large Databases*, 2011, pp. 992–1003.

[12] L. Page, S. Brin, R. Motwani, and T. Winograd, “The PageRank citation ranking: Bringing order to the web,” Stanford Digit. Library Technol. Project, Stanford InfoLab, Stanford, CA, USA, Tech. Rep., 1999, pp. 1–17.

[13] J. W. Osborne, “Improving your data transformations: Applying the Box-Cox transformation,” *Practical Assessment, Res. Eval.*, vol. 15, pp. 1–9, 2010.

[14] R. Fagin, A. Lotem, and M. Naor, “Optimal aggregation algorithms for middleware,” *J. Comput. Syst. Sci.*, vol. 66, pp. 614–656, 2003.

[15] C. Cao, Z. Chen, J. Caverlee, L.-A. Tang, C. Luo, and Z. Li, “Behavior-based community detection: Application to host assessment in enterprise information networks,” in *Proc. 27th ACM Int. Conf. Inf. Knowl. Manage.*, 2018, pp. 1977–1985.

[16] M. Caselli, E. Zambon, and F. Kargl, “Sequence-aware intrusion detection in industrial control systems,” in *Proc. Workshop Cyber-Phys. Syst. Secur.*, 2015, pp. 13–24

（本文内容来自IEEE Intelligent Systems, May–Jun. 2021） Intelligent Systems

基于乘性融合的多模态和情境感知的情感识别模型

文 | Trisha Mittal, Aniket Bera, Dinesh Manocha 美国马里兰大学帕克分校
译 | 涂宇鸽

本文提出了一种多模态情境感知的情感识别学习模型。我们的方法结合了人类多种共有模态（如面部特征、语音、文本、姿势/步态等）和两种情境解释。我们使用基于自注意力（self-attention）的 CNN，通过输入的图像/视频来收集和编码第一种情境解释的背景语义信息。与此类似，我们使用深度图（depth maps）来模拟输入图像/视频中的人际社会动态交互（第二种情境解释）。我们使用乘性融合结合模态和情境通道，关注具有更大信息量的输入通道，抑制每个传入数据点的其他通道。我们通过四个基准情感识别数据集（IEMOCAP、CMU-MOSEI、EMOTIC、GroupWalk），展示了该模型的效率。该模型优于当前效果最优（state of the art，SOTA）的学习方法，其效率在所有数据集上平均提高了 5% 到 9%。我们还进行了消融研究（ablation studies），以展现多模态、情境、乘性融合的重要性。

通过复杂任务来感知人类情感，是人际互动中极其重要的一步。人们往往通过感知他人情感，改变自己的行为和对话。自动情感识别以其重要性，长期以来被多方研究，在人机交互、娱乐、监控、机器人技术等方面均有应用。在人机交互和多媒体领域，常见研究问题包括分析多媒体内容情感及个性化推荐、针对创作者和观众增强自动化数据、在计算机交互中构建情感性界面和应用程序等。情感建模既可以是离散的，又可以是连续的。对于具有独立效价、唤醒、支配按轴的 3-D 平面，效价—唤醒—支配（valence-arousal-dominance，VAD）模型可在其连续空间中表示情感。离散化的情感包括“高兴”“悲伤”等分类标签，通过各种变换映射回 VAD 空间。本文研究的是离散情感空间中感知到的人类情感，而非实际人类情感。

为开发高效的人工智能情感识别系统，先前的研究者曾考虑过各种模态，包括面部特征、言辞、文本、身体姿势、步态等。出于各种原因，许多研究

者[1]提倡结合多种模态，推断感知到的情感。心理学及情感识别模型研究表明，模态组合往往能够信息互补，提高推理置信度，在自然情境数据集（in-the-wild datasets）上获得更好的性能。

一方面，人类模态可以帮助我们预测感知到的情感，另一方面，我们也研究了情境能否提高情感识别系统的性能[2]。“情境”在心理学中有多种解释。譬如，主体所处的情境或背景可以提供其活动的语义信息，这可能与主体的感知状态相关。此外，众多心理学文献指出，他人在场或不在场会影响主体的情感识别状态[3]。与熟悉的人和不熟悉的人相处时，人类的行为是不同的。我们将在情境的第二个解释中提到这一点[4]。

通过有效机制组合、融合多个通道的信息，是多输入通道（多模态和情境解释）模型的另一个重要组成部分。前期融合（“特征级”融合）和后期融合（“决策级”融合）等流行融合技术已被使用了几十年。情感识别文献中使用的融合技术，也是加法融合中的前期和后期融合技术。同等重视每种融合模态，是加法融合的基本观念。这使加法融合在自然情境数据集中很容易受到传感器噪声的影响，应用结果不够理想。因此，在本文中，我们使用乘性融合来组合情境和模态。

以下是我们的主要贡献：

（1）我们提出了一种多模态和情境感知的情感识别算法，如图1所示。其输入由面部特征、语音、文本、姿势/步态四种模态构成。另外，我们还通过两种情境解释进行情感识别。

（2）我们使用数据驱动的乘性融合方法，组合来自多种输入通道（多模态和情境解释）的信息，进行有效预测。

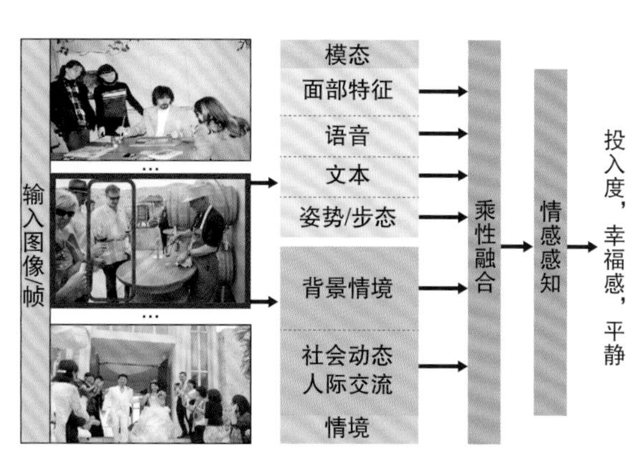

图1　多模态和情境感知的情感识别模型：我们提出了输入图像/视频的人类多模态和情境情感识别模型。给定输入图像，我们就可以提取各种人类模态（黄色色块）和两种情境解释。其中，情境解释用于捕捉主体和情境（绿色色块）间的相似度信息。乘性融合对模态和情境进行结合。本方法优于现有的多模态和情境情感识别方法

我们利用所有可用的模态和情境，在四个基准情感识别数据集（IEMOCAP、CMU-MOSEI、EMOTIC、GroupWalk）上评估了该模型。

我们还要强调，本文部分结果的早期版本曾出现在Mittal等人的研究中[1,2]。我们扩展了这些公式，提出了可同时处理多种模态和情境的新方法。

相关研究

多模态情感识别

研究表明，融合多种模态（如面部特征、语音特征、文本特征、肢体动作、姿势/步态、呼吸和心跳等生理特征等）可提高情感识别的准确性。多项心理学研究证明，多模态情感识别方法在“自然情境”数据集上表现良好[5,6]。

情境情感识别

在深度学习领域，情境情感识别的最新进展包括Kosti等人[7]和Lee等人[8]的研究。虽然两个研究都通过人类模态和情境感知主体情感，但它们的技术方

法有所不同。Lee等人借助遮挡法，遮住主体的面部，将剩余图像视作情境。Kosti等人则使用区域提议网络（region proposal networks，RPN），从图像中提取情境元素。

融合技术

前人已研究了多种用于多模态情感识别的融合方法，包括前期融合[9]、后期融合[10]、两者混合等。先前使用后期或前期融合的情感识别研究[11~13]均借助了加法融合。这些附加方法的性能取决于研究者如何认识不同模态中的重点。但在现实世界中，由于传感器噪声、遮挡等原因，每种模态在每个数据点上的可靠性不一。近来的研究还关注了更为复杂的数据驱动[14]、分层[15]、基于注意力机制变化[14]的融合技术等。每个数据点都有不同的模态，这一重要观念驱动了乘性融合方法[16]的发展。此类方法先前在用户分析和物理过程识别等领域均有成功应用[16]。除以上方法外，还有其他方法使用注意力机制和对齐（alignment）概念，学习多种模态、执行任务。

本文方法

本节描述了问题的符号和概述，以及方法中使用的模态和情境。

符号

输入代号为I的RGB图像到多模态和情境情感识别方法。处理I生成特征，f_i对应n个不同的模态，表示为m_1，m_2，...，m_n。n个特征向量f_1，f_2，...，f_n，以及来自两个情境源c_1和c_2的信息，由乘性融合[1]组合，以获取特征编码$h_1=g(f_1, f_2, ..., f_n, c_1, c_2)$，其中$g(\cdot)$对应乘性融合函数。图2为多模态和情境感知的情感识别模型示意图。

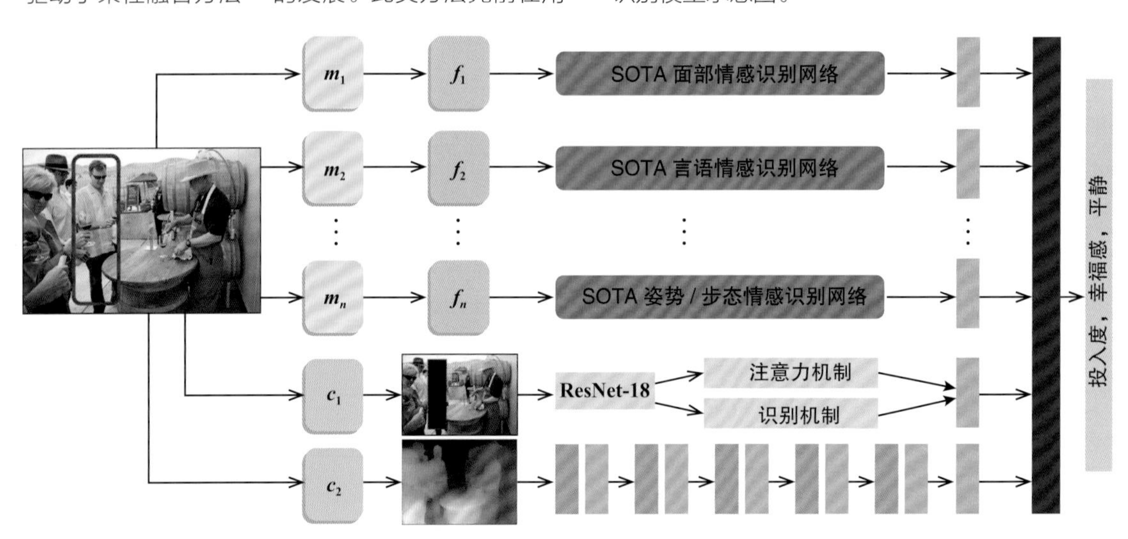

图2　本文方法：在表中（黄色色块）使用了标记为m_1，…，m_n的n个模态（面部特征、语音、文本、姿势/步态）。与之对应，提取了f_1，...，f_n作为特征。还使用了两种情境解释c_1和c_2（绿色色块）。使用独立的神经网络来处理每个通道。然后，使用乘性融合（紫色框）计算损失、进行预测。全连接层为橙色，二维卷积层为蓝色，最大池化层为粉色

多模态

人类通过许多不同的感官感知现实，如视觉、语音、身体姿势等，通常感官都是相互结合的。比起单模态技术，模态组合有助于模态间相互补充，提高情感识别系统在自然情境数据集上的性能。

我们从输入图像I中得到模态m_1，m_2，…，m_n。然后，提取每个模态相应的特征f_1，f_2，…，f_n，这些特征以乘性方式，与下文描述的两个情境源结合。

情境1：场景/背景情境

对情境中主体以外对象的理解，称为语义情境。先前许多计算机视觉研究都使用语义情境，增强对情境的视觉理解。我们借用这一直观想法，使用语义情境，在从图像和视频提取的情境中进行情感识别[2]。

根据先前文献，使用注意力的概念来训练模型，关注图像的不同方面。使用掩盖输入（主图像）将图像/视频帧输入到模型中，提取情境中的语义成分。以公式表达，对于输入的掩盖图像掩码I，掩盖后图像$I_{\text{mask}} \in \mathbb{R}^{224\times 224}$表示为

$$I_{\text{mask}} = \begin{cases} I(i,j), & \text{if } I(i,j) \notin \text{bbox}_{\text{agent}} \\ 0, & \text{otherwise.} \end{cases} \quad (1)$$

$\text{bbox}_{\text{agent}}$代表情境中主体的边界框。为了尽可能精确地计算包围主体的边界框，我们使用了文献中可用的SOTA行人跟踪技术，确保不会因为图像遮盖而丢失背景信息。

情境2：主体间交互/社会动态情境

研究证实，人际社会互动会影响参与主体间的情感[2]。社会互动还取决于参与主体间的熟悉程度。之前的研究曾对步行速度、距离、接近度特征等社交动态因素建模，以进行情感识别。建模包括社会力模型（理论为特定吸引力或排斥力可激发人们社交动态因素）和RVO模型（模拟主体在实现各自目标的过程中如何避免冲突）。

我们采用深度图来模拟社会动态交互作用。深度图可计算每个像素相对于固定中心的深度。输入图像I的深度图$I_{\text{depth}} \in \mathbb{R}^{224\times 224}$是一个二维矩阵，其中，

$$I_{\text{depth}}(i,j) = d(I(i,j),c) \quad (2)$$

$d(I(i,j),c)$表示第i行、第j列的像素距摄像中心c的距离。我们使用I_{depth}计算h_3。然后，以相似度为度量，通过图卷积网络（graph convolutional networks，GCN）对主体间的动态交互建模。类似地，GCN以前曾用于交通网络和活动识别领域。我们将所有主体的位置$X \in \mathbb{R}^{n\times 2}$传输给GCN（其中$n$是图像中主体的数目）和有主体的未加权邻接矩阵$A \in \mathbb{R}^{n\times n}$，由以下公式给出

$$A(i,j) = \begin{cases} e^{-d(v_i,v_j)}, & \text{if } d(v_i,v_j) < \mu \\ 0, & \text{otherwise} \end{cases} \quad (3)$$

其中，$f=e^{-d(vi,vj)}$是两个主体间相互作用的函数。

情境和模态的乘性融合

乘性融合[1]的关键概念是，明确抑制较弱（表达力较弱）的模态，间接增强较强（表达力较强）的模态。为使算法结构在传感器噪声中也能保持稳定，避免噪声信号，我们乘性融合了这些特征，获得了$h_1 = g(f_1, f_2, \ldots, f_n, c_1, c_2)$，其中$g(\cdot)$对应乘性融合函数。先前研究表明[1,16]，乘性融合通过学习，可以突出可靠的模态，减少对其他模态的依赖。为此，我们使用了前人提出的修正损失函数[1]，定义为

$$L_{\text{multiplicative}} = -\sum_{i=1}^{n}\left(p_i^e\right)^{\frac{\beta}{n-1}} \log p_i^e \quad (4)$$

其中，n是模态总数，p_i^e是对第i个模态网络给定的情感类别e的预测。

实施细节

数据集

选择了四个基准情感识别数据集：IEMOCAP、CMU-MOSEI、EMOTIC、GroupWalk。尽管IEMOCAP和CMU-MOSEI数据集具有多模态，但它们缺乏情境。为了评估所有可用的模态，仍然使用这四个数据集。表1总结了数据集的详细信息。我们使用以下三个指标进行评估。

（1）平均准确度：这个指标用于IEMOCAP数据集。准确度代表度量值与真实值的接近程度，在先前研究中用作IEMOCAP数据集的标准度量。

（2）F1分数：这个指标为EMOTIC数据集的标准指标，也用于GroupWalk数据集。F1分数代表准确率和召回率之间的平衡程度。

（3）平均精度：使用平均精度评估EMOTIC和GroupWalk数据集。精度代表度量值之间的接近程度。

数据处理

多模态：在IEMOCAP和CMU-MOSEI数据集中使用面部特征、语音、文本三种模态。为提取IEMOCAP数据集的文本特征，使用了300维预训练的GloVe词嵌入。按照Chernykh等人[17]的方法提取音频特征。最后，通过动作捕捉摄像捕获了189维特征，使用IEMOCAP提取面部特征。为提取CMU-MOSEI数据集的文本特征，使用了300维预训练的GloVe词嵌入。按照Zadeh等人[6]的方法，计算CMU-MOSEI数据集的音频特征，获得12个梅尔频率倒谱系数、音高、浊音/清音分段特征、声门声源参数等。最后，从最先进的面部识别模型、面部动作单元、面部标志中获得了面部嵌入的组合，将它用于CMU-MOSEI，以提取面部特征。处理EMOTIC和GroupWalk数据集时，除了情境之外，还使用了面部特征和姿势/步态模态。使用OpenFace提取了144维面部模态向量。类似地，使用OpenPose，从输入图像I中提取了25个身体姿势坐标，并记录了每25个联合像素点在x轴和y轴的值。

背景情境：使用前人文献中的SOTA行人跟踪方法，计算图像/视频中所有主体的边界框，再根据式（1）计算I_{mask}。

社会动态交互作用：首先使用先前的SOTA研究（Megadepth），提取输入图像/视频（I）帧的深度图，描述见式（2）。

网络架构

多模态：如图2所示，对于每个数据集中的所有模态（m_1，...，m_n），都使用先前文献中可用的SOTA

表1 数据集信息：总结了用于评估本文模型的数据集细节

	多模态特征				情境信息定义		情感	评估
数据集	面部特征	语音	文本	姿势/步态	场景	社会动态建模	标签	测量方式
IEMOCAP	√	√	√	×	×	×	4类	平均准确度(MA)
CMU-MOSEI	√	√	√	×	×	×	6类	F1分数
EMOTIC	√	×	×	√	√	×	26类	平均精度(AP)
GroupWalk	√	×	×	√	√	√	4类	平均精度(AP)

提供了数据集拆分、所用多模态特征、情境定义、评估指标的详细信息，还提到了可用的情感标签，训练每个数据集

情感识别网络。使用和先前研究[1]相同的面部特征、语音、文本情感识别网络，处理IEMOCAP和CMU-MOSEI数据集。对于EMOTIC和GroupWalk，则使用Mittal等人提出的网络[2]。

背景情境：按照先前研究的建议[2]，为了习得输入图像I的语义情境，使用了一种注意机制。这种机制［注意力分支网络（Attention Branch Network，ABN）］应用在遮盖图像I_{mask}上，分支通过注意力图识别和定位图像中的重要区域，编码在h_2中。

社会动态交互作用：将深度图输入到这个情境卷积网络，计算出的深度图I_{depth}由CNN传递。CNN由一组5个交替的卷积层和最大池化层（图2蓝色和粉红色色块），以及一个全连接层（橙色色块）组成。

融合多模态和情境解释：使用“情境和模态的乘性融合”部分中所解释的乘性融合（紫色色块），融合多模态和两种情境解释的特征向量，再反向传播乘性损失和误差，以训练模型。

实施细节

使用标准训练、验证、测试拆分，评估所有四个数据集。对于IEMOCAP，使用128的批量大小对其进行100次训练；对于CMU-MOSEI，使用256的批量大小对其进行500次训练。使用Adam优化算法，使两者的学习率均为0.01。对EMOTIC使用32的批量大小，对GroupWalk使用1的批量大小。使用Adam优化算法，以0.0001的学习率，对两个模型进行75次训练。所有的结果均生成于NVIDIA GeForce GTX 1080 Ti GPU。使用Tensorflow和PyTorch编写了代码。

结果

本节展示模型评估实验的结果。首先，定量评估SOTA和我们的模型；然后，详细描述进一步评估模型的消融实验；最后，给出情境解释的一些定性结果，作为结论。

与SOTA方法的比较

对于每个数据集，我们均将该模型与SOTA方法进行比较。下面列举比较方法。请注意：此处列出的所有方法均为针对相应数据集的SOTA方法，但它们均使用加法融合。据我们所知，我们的方法是唯一使用乘性融合的方法。

IEMOCAP数据集：使用平均准确率（mean accuracy，MA）指标，比较该模型和以下三种方法。

（1）Yoon等人[11]使用注意力机制，通过训练习得对齐文本和语音两种模态，而非习得两种模态输出的显式组合。该机制基于双向LSTM网络。

（2）Kim等人[12]通过实验证明，模态间的非线性关系有助于识别情感。因此，对特征进行筛选，使用深度信念网络习得这些高阶非线性关系。

（3）Majumdar等人[13]使用神经网络进行数据融合，提出了三种输入模态的分层融合。

CMU-MOSEI数据集：使用F1分数指标，比较该模型与以下三种方法。

（1）Zadeh等人[6]提出了一种名为动态融合图（dynamic fusion graph, DFG）的可解释融合，用于融合模态。凭借有效数量的参数，DFG动态可以改变结构，根据每个n模态要素的相关性选择融合图。

（2）Choi等人[14]使用深度学习的特征提取方法，处理CMU-MOSEI数据集的文本和语音模态。此外，还应用了训练过的注意力机制，用于习得模态间的非线性依赖。

（3）Sahay等人[18]提出了另一种名为张量融合网络（tensor fusion network，TFN）的融合机制。TFN使用模态嵌入的n倍笛卡儿积，对n模态间交互进行显式建模。

EMOTIC数据集和GroupWalk：使用标准度量的平均精度（average precision，AP）来评估我们的方法。比较了本文模型与SOTA方法在这两个数据集中的表现。

（1）Kosti等人[7]提出了一个双流网络，对两个流的输出进行朴素融合。第一个流编码情境（背景），第二个流提取身体特征。他们结合这两个特征，预测离散的情感类别。

（2）Zhang等人[19]提出了一种图像方法，使用从图像中提取的情境元素，构建一个包含节点的情感图。区域提议网络（region proposal network，RPN）负责提取这些情境节点。构建的情感图被传送到aGCN。网络架构的第二分支使用CNN对身体特征进行编码。然后连接两个输出，预测情感标签。

（3）Lee等人[8]提出了CAER-Net，由两个子网络和一个自适应融合网络组成。子网络由一个人脸编码流和一个情境编码流（背景）组成。自适应融合网络负责融合两个流。

表2展示并总结了与以上SOTA方法的比较结果。

表2　与SOTA方法进行比较：比较了本文模型与所有四个数据集的SOTA方法

数据集	测量方式	方法	测量方式
IEMOCAP	平均准确度(MA)	Kim et al.[12]	72.8%
		Majumdar et al.[13]	76.5%
		Yoon et al.[11]	77.6%
		文本模型	**78.2%**
CMU-MOSEI	F1 分数	Sahay et al.[18]	0.668
		Zadeh et al.[6]	0.763
		Choi et al.[14]	0.895
		文本模型	**0.856**
EMOTIC	平均精度(AP)	Kosti et al.[7]	27.38
		Zhang et al.[19]	28.42
		Lee et al.[8]	20.84
		文本模型	**36.65**
GroupWalk	平均精度(AP)	Kosti et al.[7]	58.42
		Lee et al.[8]	48.21
		文本模型	**67.62**

消融方法

为进一步评估模型，我们进行了以下消融研究：

（1）多模态和情境解释：在四个数据集缺少/具备某种情境解释的情况下，分别运行了本文模型，试图解释每个组件对提高性能的作用。表3总结了运行结果。我们想在此指出，IEMOCAP和CMU-MOSEI数据集在收集视频时，都缺乏情境，因此表中有缺失值。这些数据集结果如表所示，证明该模型能够适应

表3　消融研究：通过消融实验，解释了多模态和情境解释对四个数据集的重要性

数据集	测量方式	多模态（无情境解释）	多模态+情境解释1	多模态+情境解释2	多模态+情境解释1+情境解释2
IEMOCAP	平均准确度 (MA)	78.2%	–	–	–
CMU-MOSEI	F1 分数	0.856	–	–	–
EMOTIC	平均精度 (AP)	25.13	32.12	29.86	36.65
GroupWalk	平均精度 (AP)	56.21	61.38	63.29	67.62

可用的模态和情境。

（2）加法与乘性融合：结合多个传感器数据，在不受传感器和信号噪声影响的情况下，针对每个数据点的不同模态，探究乘性融合相较加法融合的优势，这是实验的主要目标之一。结果表明，对于所有四个数据集，乘性融合都优于加法融合。由表4可知，乘性融合在各个数值上平均提高了2%~3%。

表4 消融研究：通过消融实验，解释了四种数据集中乘性融合相较加法融合的优势

数据集	测量方式	加法融合	乘性融合
IEMOCAP	平均准确度(MA)	75.3%	78.2%
CMU- MOSEI	F1分数	0.752	0.856
EMOTIC	平均精度(AP)	35.48	36.65
GroupWalk	平均精度(AP)	65.83	67.62

（3）模态消融实验：表5总结了一次采用一对模态、执行乘性融合的模态消融实验。

定性结果

图3展示了EMOTIC和GroupWalk中两种情境解释的定性结果。

图3 定性结果：展示了五个示例的分类结果，前三个来自EMOTIC数据集，后两个来自GroupWalk数据集。在第一个示例中，深度图（情境2）标记网球运动员即将挥拍的动作为传达预期。在中间的示例中，棺材的情境标记为传达悲伤

表5 模态消融研究：执行消融实验，解释了每对模态在四个数据集中的作用

数据集	测量方式	模态			
IEMOCAP	平均准确度(MA)	F+A	A+T	F+T	F+A+T
		75.4%	70.3%	77.4%	78.2%
CMU-MOSEI	F1 分数	F+A	A+T	F+T	F+A+T
		0.827	0.848	0.831	0.856
EMOTIC	平均精度(AP)	F+P	–	–	–
		25.13	–	–	–
GroupWalk	平均精度(AP)	F+P	–	–	–
		56.21	–	–	–

结论

本文提出了一种多模态和情境感知的情感识别学习模型。该模型结合了多种人类模态，如面部特征、语音、文本、姿势/步态等。该模型还使用了情境、背景情境、社会动态交互等。在预测中，通过乘性融合，决定哪个模态/情境应格外关注哪个数据点。该模型有时会因类别混淆而错误分类。因此，未来我们将致力于构建精度更高的模型。此外，我们目前使用的是离散情感数据集，考虑到模型通用性，未来将使用连续情感模型（效价、唤醒、支配）进行试验。情感是一个主观概念，因此，未来我们计划使模型在这种主观性干扰下，仍能保持性能稳定。我们希望探索更多情境解释，从而丰富该模型，同时也希望探索更多融合技术，构建更好的预测模型。

参考文献

[1] 1. T. Mittal, U. Bhattacharya, R. Chandra, A. Bera, and D. Manocha, “M3ER: Multiplicative multimodal emotion recognition using facial, textual, and speech cues,” in *Proc. AAAI Conf. Artif. Intell.*, 2019, pp. 1359-1367, doi: 10.1609/aaai.v34i02.5492.

[2] T. Mittal, P. Guhan, U. Bhattacharya, R. Chandra, A. Bera, and D. Manocha, “EmotiCon: Context—aware multimodal emotion recognition using Frege’s principle,” in Proc. IEEE/CVF Conf. Comput. Vis. Pattern Recognit., 2020, pp. 14234-14243, doi: 10.1109/ cvpr42600.2020.01424.

[3] K. Yamamoto and N. Suzuki, “The effects of social interaction and personal relationships on facial expressions,” *J. Nonverbal Behav.*, vol. 30, no. 4, pp. 167-179, 2006, doi: 10.1007/s10919-006-0015-1.

[4] E. Jakobs, A. S. Manstead, and A. H. Fischer, “Social context effects on facial activity in a negative emotional setting,” *Emotion*, vol. 1, no. 1, pp. 51-69, 2001, doi: 10.1037/1528-3542.1.1.51.

[5] C. Busso et al., “IEMOCAP: Interactive emotional dyadic motion capture database,” *Lang. Resour. Eval.*, vol. 42, no. 4, pp. 335-359, 2008, doi: 10.1007/s10579-008-9076-6.

[6] A. B. Zadeh, P. P. Liang, S. Poria, E. Cambria, and L.-P. Morency, “Multimodal language analysis in the wild: CMU-MOSEI dataset and interpretable dynamic fusion graph,” i*nProc. 56th Annu. Meeting Assoc. Comput. Linguistics* (Vol. 1: *Long Papers*), 2018, pp. 2236-2246, doi: 10.18653/v1/p18-1208.

[7] R. Kosti, J. Alvarez, A. Recasens, and A. Lapedriza, “Context based emotion recognition using EMOTIC dataset,” *IEEE Trans. Pattern Anal. Mach. Intell.*, vol. 42, no. 11, pp. 2755-2766, Nov. 2020, doi: 10.1109/ tpami.2019.2916866.

[8] J. Lee, S. Kim, S. Kim, J. Park, and K. Sohn, “Contextaware emotion recognition networks,” in *Proc. IEEE/ CVF Int. Conf. Comput.* Vis., 2019, pp. 10142-10151, doi: 10.1109/iccv.2019.01024.

[9] K. Sikka, K. Dykstra, S. Sathyanarayana, G. Littlewort, and M. Bartlett, “Multiple kernel learning for emotion recognition in the wild,” in *Proc. 15th ACM Int. Conf. Multimodal Interact.*, 2013, pp. 517-524, doi: 10.1145/2522848.2531741.

[10] H. Gunes and M. Piccardi, “Bi-modal emotion recognition from expressive face and body gestures,” *J. Netw. Comput. Appl.*, vol. 30, no. 4, pp. 1334-1345, 2007, doi: 10.1016/j.jnca.2006.09.007.

[11] S. Yoon, S. Byun, S. Dey, and K. Jung, “Speech emotion recognition using multi-hop attention mechanism,” in *Proc. ICASSP IEEE Int. Conf. Acoust., Speech, Signal Process.*, 2019, pp. 2822-2826, doi: 10.1109/ icassp.2019.8683483.

[12] Y. Kim, H. Lee, and E. M. Provost, “Deep learning for robust feature generation in audiovisual emotion recognition,” in *Proc. IEEE Int. Conf. Acoust., Speech, Signal Process.*, 2013, pp. 3687-3691, doi: 10.1109/ icassp.2013.6638346.

[13] N. Majumder, D. Hazarika, A. Gelbukh, E. Cambria, and S. Poria, “Multimodal sentiment analysis using hierarchical fusion with context modeling,” *Knowl.- Based Syst.*, vol. 161, pp. 124-133, 2018, doi: 10.1016/j. knosys.2018.07.041.

[14] C. W. Lee, K. Y. Song, J. Jeong, and W. Y. Choi, “Convolutional attention networks for multimodal emotion recognition from speech and text data,” in *Proc. Grand Challenge Workshop Human Multimodal Lang.*, 2018, pp. 28-34, doi: 10.18653/v1/w18-3304.

[15] S. Li, W. Deng, and J. Du, “Reliable crowdsourcing and deep locality-preserving learning for expression recognition in the wild,” in Proc. IEEE Conf. Comput. Vis. Pattern Recognit.,

关于作者

Trisha Mittal 美国马里兰大学帕克分校攻读计算机科学博士学位。研究兴趣为情感计算，热衷于情感计算应用和发展问题。在人工智能顶级会议上志愿审阅论文，包括计算机视觉和模式识别会议、人工智能促进协会、计算机视觉国际会议等。获印度班加罗尔国际信息技术研究所B.Tech和M.Tech学位。本文通讯作者。联系方式：trisha@umd.edu。

Aniket Bera 美国马里兰大学帕克分校计算机科学系助理研究教授，同时任职于马里兰机器人中心、马里兰交通研究所、大脑与行为研究所。曾任美国北卡罗来纳大学教堂山分校助理研究教授。曾就职于迪士尼研究中心和英特尔实验室。核心研究兴趣包括社交机器人、VR/AR 、情感计算。获北卡罗来纳大学教堂山分校博士学位。研究成果曾被福布斯、《连线》和《快公司》等媒体报道。联系方式：bera@umd.edu。

Dinesh Manocha 美国马里兰大学帕克分校计算机科学、电气、计算机工程领域Paul Chrisman-Iribe主席和杰出教授。其团队开发了多种用于多智能体仿真、机器人规划、物理建模的软件，这些行业标准软件已授权给60多家供应商。撰写及合著了600多篇论文，指导了40篇博士论文，获得了10项具备工业许可的专利。研究兴趣包括虚拟环境、物理建模、机器人技术。AAAI、AAAS、ACM、IEEE会士，ACM SIGGRAPH协会成员，美国实体建模协会Bezier 奖获得者。曾获德里印度理工学院杰出校友奖、华盛顿科学院计算机科学杰出职业奖。Impulsonic（物理音频模拟技术开发商）联合创始人，该公司于2016年11月被Valve Inc.收购。联系方式：dmanocha@umd.edu。

2017, pp. 2852-2861, doi: 10.1109/ cvpr.2017.277.

[16] K. Liu, Y. Li, N. Xu, and P. Natarajan, “Learn to combine modalities in multimodal deep learning,” 2018, arXiv:1805.11730.

[17] V. Chernykh and P. Prikhodko, “Emotion Recognition From Speech With Recurrent Neural Networks,” 2017, arXiv:1701.08071.

[18] S. Sahay *et al.*, “Multimodal relational tensor network for sentiment and emotion classification,” in *Proc. Grand Challenge Workshop Human Multimodal Lang.*, 2018, doi: 10.18653/v1/w18-3303.

[19] M. Zhang, Y. Liang, and H. Ma, “Context-aware affective graph reasoning for emotion recognition,” in Proc. IEEE Int. Conf. Multimedia Expo, 2019, pp. 151-156, doi: 10.1109/ icme.2019.00034.

（本文内容来自IEEE MultiMedia, Apr.-Jun. 2021） IEEE MultiMedia

对机器学习分类中使用的4种重采样方法的评估

文 | Robbie T. Nakatsu　美国洛约拉马利蒙特大学
译 | 叶帅

本文研究了用于评估机器学习分类算法性能的重采样方法。它比较了4种重要的重采样方法：蒙特卡罗重采样法，Bootstrap法，k折交叉验证法，以及重复k折交叉验证法。本文使用了两种分类算法，支持向量机和随机森林，并应用于3个数据集。4种重采样方法的9种变体被用来调整3个数据集上的两种分类算法的参数。重采样方法的性能是由该方法选择适合数据的参数的能力决定的。本文的主要的发现是，在选择3个不同数据集的最佳参数值方面，重复k折交叉验证法总体上优于其他重采样法。

模型过拟合是预测建模的一个核心问题。它指的是“在数据中发现偶然出现的现象，这些现象看起来像有趣的模式，但却不能推广到未见过的数据”[1]。用于建立预测模型的机器学习算法，特别容易出现过拟合：预测模型可能很好地适应特定的数据集，但可能不能很好地推广到未来或未见过的情况。因此，在一个没有被用来训练模型的单独的验证数据集上验证模型，被认为是一个好的做法。一种常见的方法是在3/4的数据上训练模型（称为训练集），在剩下的1/4的数据上验证模型（称为验证集）。

不幸的是，这种保留技术只提供了一个模型预测准确性的单一评价。训练集和验证集之间的分割可能是一个特别幸运或不幸运的选择。因此，这种做法可能低估或高估预测精度。在处理中小规模的数据集时，这一点尤其成问题。

为了解决这个问题，数据科学家可以使用重采样的方法。这种技术包括从数据集中重复抽取样本并重新拟合模型。通过这样做，这些多次运行的平均误差率可以提供一个更好的预测准确性评价[2]。重采样的四种常见方法有：蒙特卡罗重采样法，Bootstrap法，k折交叉验证法，重复k折交叉验证法。

最简单和最直接的方法是蒙特卡罗重采样。这种技术随机地生成训练集和验证集，无需替换训练集和验证集——同样，一个典型的分割是3/4训练集和1/4验证集。Bootstrap法也随机生成训练集和验证集，但训练集的行是从数据集中随机选择的，而不是用替换的方式从数据集中选择。因此，通过使用这种技术，一个训练集可以有重复的值。由于重复，平均而言，数据集的63.2%的行将是训练集的一部分[3]。剩下的行依次成为验证集。有关此方法如何工作的具体示例，请参见图1。蒙特卡罗重采样法和Bootstrap法都需要运行多次，以便整个运行的平均错误率能够用来更准确地估计错误率。

假设一个数据集包含10个样本，从1到10编号。Bootstrap采样先用替换的方式（重复）从数据集抽取10个样本作为训练集。比如假设下列数子是随机抽取的：

6, 1, 7, 6, 10, 3, 9, 5, 6, 9（训练集）

因为Bootstrap法用替换的方式采样，同样的数字会被多次采样。比如在上面的例子中6被采样了3次，9被采样了两次。那么验证集将为那些未被采样的数字：

2, 4, 5（验证集）

图1　Bootstrap法示例

k折交叉验证法是一项在1974年提出的技术[4, 5]。多年来已成为模型验证的标准程序并在今天的许多机器学习教科书中被教授。该技术首先将一个数据集随机分割成k个分区（通常使用5或10个分区）。随后，该技术迭代了k次：在每次迭代中，选择一个不同的分区作为验证集，剩余的$k-1$个折被用作训练集。这样迭代了k次后，再计算k个验证集的平均误差，就可以再次得到一个更准确的误差估计。

k折交叉验证法的一个变体被称为留一法交叉验证法（LOOCV）。在这种方法中，一个单一的观测值被用作验证集，其余的观测值则作为训练集（例如折叠大小为1）。这个过程是重复n次，n是数据集中的行数或案例数。n次验证的平均值误差作为错误率的估计值[2]。因为LOOCV要运行n次，所以对于数据量很大的数据集来说，它的计算量会变得很大。

k折交叉验证法的另一个变体被称为重复的k折交叉验证法。在这种方法中，k折交叉验证要运行多次，并将多次运行的平均数用来估计错误率。标准的，也是最常见的k折交叉验证法只运行一次。因此，有人建议采用重复的策略，来获得更强和可靠的估计预测准确性。

本文将在三个数据集的背景下考察和评估这些不同的重采样方法。每个数据集都使用了当今最流行的两种机器学习分类技术——随机森林和SVM。本文的重点是这四种重采样方法在这些不同的情况下的表现。“方法”部分描述了用来评估重采样的方法。“结果”部分提供了研究的结果，包括统计和分析。最后，“讨论和结论 ”部分讨论了本研究的主要研究的主要结论，以及这些结论如何对检测方法的现有文献做出贡献。

方法

为了评估重采样方法在不同领域和不同机器学习技术上的表现。我们使用了三个不同的数据集和两种不同的分类算法。这导致我们总共需要训练六个独立的分类器，因为三个数据集中的每一个都需要训练两种学习算法模型。

这三个数据集的大小从506到777行不等，并都涉及一个二元分类任务。

（1）波士顿数据集[6]包含了波士顿郊区506个社区的信息。它包括13个特征，其中有人均犯罪率、业主自住的比例、学生教师比例，以及与波士顿五个就业中心的加权平均距离。结果变量表示一个波士顿社区的房价中位数是高还是低。

（2）大学数据集[2]包含了777所美国大学的统计

数据。这些数据来自1995年的《美国新闻》和《世界报道》。它包括18个特征，如申请人数、申请被接受的人数、来自高中班级前10%的学生百分比和州外学费。结果变量指明大学是公立还是私立。

（3）乳腺癌诊断数据集[7]包括569个乳腺肿瘤活检的信息，有32个特征，包括半径、质地、周长、面积、平滑度、凹陷度、对称性。结果变量说明了肿瘤的恶性程度，是良性的还是恶性的。

本文使用了两种分类算法，即随机森林和SVM。本文选择这两种算法的原因是它们被广泛应用在各个场景中并在生成高性能分类器的场景中，它们被认为是当今最好的一些技术。此外，这两种技术都涉及对参数值的调整（这项任务有时被称为“超参数调整”）。首先，随机森林[8]被称为一种集成方法，因为它是将多个决策树（弱分类器）的结果合并成一个从而得到更强大的分类器(本文中使用的随机森林函数汇总了500棵决策树的结果)。随机森林的一个主要概念是，在创建单棵决策树时，只考虑所有特征的一个子集来分割每个节点。特别是，mtry参数指定了每次分割时随机选择的特征数量。这就是在本文中调整的超参数。

第二种技术，SVM，被称为最大边际分类器，因为它找到了可以分离两个类别的观察值并使之分离最远的两个超平面。本文中的所有SVM分类器都是使用线性核创建的（其他核，如径向核，可以对数据中的非线性进行建模，但并没有使用）。本文对允许出现没有达到边际的成本参数进行了调整。较小的成本参数会使SVM寻找一个更大的边际分离超平面。反之，成本参数越大，SVM就会选择一个边际更小的超平面，如果这样该超平面就能更好地对训练点正确分类。

表1　使用随机森林算法的乳腺癌数据平均验证集误差（4000次）（左）和使用SVM的大学数据平均验证集误差（右）

乳腺癌随机森林			大学SVM		
mtry	验证集误差	拟合	cost	验证集误差	拟合
1	4.31%	差的	2^{-5}	6.83%	差的
2	4.16%	差的	2^{-4}	6.59%	差的
3	4.09%	差的	2^{-3}	6.38%	差的
4	4.08%	一般的	2^{-2}	6.24%	一般的
5	4.05%	一般的	2^{-1}	6.10%	一般的
6	4.01%	一般的	2^{0}	6.01%	一般的
7	3.99%	良好	2^{1}	5.97%	良好
8	3.97%	良好	2^{2}	5.97%	良好
9	3.96%	良好	2^{3}	5.98%	良好
10	3.94%	良好	2^{4}	5.98%	良好
11	3.95%	良好	2^{5}	5.98%	良好
12	3.97%	良好	2^{6}	5.98%	良好
13	3.99%	良好			
14	4.00%	一般的			
15	4.02%	一般的			
16	4.04%	一般的			
17	4.06%	一般的			
18	4.09%	差的			
19	4.12%	差的			
20	4.13%	差的			
21	4.15%	差的			

随机森林和SVM都在3个数据集中的每一个上运行4000次，以确定什么样的mtry参数和成本参数分别可以训练出良好的拟合度、一般拟合度和差的拟合度。我们确定4000次运行将导致平均验证集误差的计算结果是可靠和稳定的。两个案例的4000次测试的平均验证集误差见表1：在乳腺癌数据集上使用随机森林并调整mtry（左侧）和使用SVM在大学数据集上并调整成本参数（右侧）。有兴趣的读者可以在计算机协会数字图书馆（http://doi.ieeecomputersociety.org/10.1109/10.1109/MIS.2020.2978066）找到完整的结果，其中包括本研究报告的所有6种分类器。

在乳腺癌数据集上运行随机森林时，验证集误差被分为良好、一般和差的拟合。因为在验证集误差的分布中不存在明显的聚集状态，可以将验证集误差分成3组，每组7个。从表1中可以看出，当mtry参数在7到13之间时，拟合效果好，因为这些参数的验证集误差产出了21个值中的7个最低值。

并不总是能够将数据分为良好、一般和差3组。因为有时验证集误差会聚集在一起或接近在一起。当这种情况发生时，这些聚在一起的项目被归入同一个拟合组。例如，SVM分类器在大学数据集上，成本值从2^1到2^6都得到了相似的验证集误差，因此被指定为相同的拟合类型，即“良好”。

一旦为6种分类器中的每一个确定了拟合类型后，我们就准备开始评估重采样方法。本文通过改变重复次数（蒙特卡罗方法和Bootstrap法）、折叠(k折交叉验证法)的数量或者同时改变折叠和重复的数量(重复的k折交叉验证法)，研究9种重采样的变化。

蒙特卡罗法:（1）10次;（2）50次。

Bootstrap法:（3）10次;（4）50次。

k折交叉验证法:（5）10折;（6）50折。

重复的k折交叉验证法:（7）重复2次的5折交叉验证;（8）重复5次的10折交叉验证;（9）重复10次的5折交叉验证。

9种重采样方法中的每一种，都在6种分类器上运行了1000次。每一种重采样方法被用来选择一个最适合数据的参数值——无论是随机森林的mtry参数还是SVM的成本参数。重采样方法的性能是由它选择好的拟合、一般拟合或差的拟合的参数值的频率来定义。

例如，假设我们考虑在乳腺癌数据集上使用随机森林分类器。假设我们使用重复10次的蒙特卡罗重采样法。对于超参数mtry从1到21的每个值一个训练集和一个验证集被随机生成10次。一个随机森林分类器在每个随机生成的训练集上训练10次并计算其在每个验证集上的误差。对于每个mtry值，计算10次运行的平均验证集误差。在21个mtry值中，产生最低平均验证集误差的mtry值被选为选定的mtry。然后，我们记录每一个mtry值在1000次运行中被选择的频率。

下面是分别列举的步骤，以及使用的蒙特卡罗采样法或Bootstrap法。对于每种蒙特卡罗重采样法或Bootstrap法以下步骤运行了1000次:

（1）对参数p^1从1到maxp遍历取值:

A. 重复n次:

a) 将整个数据集随机划分[2]为一个训练集和验证集。

b) 在训练集上训练一个分类器[3]。

c) 通过计算验证集误差或错误分类的案例百分比在验证集上验证分类器[3]。

B. 计算步骤（1）中p^1的每个值的平均验证集误差。

（2）选择在步骤（1）B 中具有最低平均验证集误差的p^1值，选择为被选中的p^1。

备注:

- 参数p是随机森林的mtry参数或支持向量机的成本参数。
- 步骤（1）A. a)中发生随机化的方式是蒙特卡罗重采样法（无替换采样）或Bootstrap法（如图1中描述的替换采样）。
- 分类器使用随机森林或SVM。

对于k折交叉验证法，数据集被随机分成k折，用于验证参数p的每个值（同样是随机森林中的mtry参数或SVM中的成本参数）。例如，在10折交叉验证中，验证错误被计算了10次，依次将10折中的每一折用作验证集，其余的折用于训练分类器。在10次运行中产生最低平均交叉验证集误差的p值被选为选择的p（对于重复k折交叉验证法，使用完全相同的步骤，不同之处在于交叉验证程序执行多次，并计算这些重复的平均验证集误差）。

以下是k折交叉验证法和重复k折交叉验证法的步骤。同样，对于每个使用折的重采样方法，这些步骤都运行了1000次：

（1）从1到maxp，遍历p^1。

A. 重复n^2次。

a) 从整个数据集中随机生成k个折页。

b) 对折从1到k进行遍历。

i) 当前选择的折页是验证集；所有其他$k-1$折页是训练集。

ii) 在训练集上训练一个分类器[3]。

iii) 在验证集上对分类器[3]进行验证，方法是计算验证集误差或错误分类案例的百分比。

（2）计算每个验证集的平均验证集误差。计算在步骤（1）A. b)的iii)中k次运行k折交叉验证法并迭代n次计算的p^1的平均验证集误差，将会有总共$n \times k$个验证误差。

（3）选择平均验证集误差最低的p^1值，该值是在步骤（2）中为每个p^1计算的。将此称为选定的p^1。

备注：

● 参数p是随机森林的mtry参数或支持向量机的成本参数。

● n对于单次运行的k折交叉验证法来说是1，但除此之外表示重复的k折交叉验证法的次数。

● 分类器使用随机森林或SVM。

结果

本文的主要结果见表2。该表总结了9种重采样方法中的每一种在六种不同的分类器上的表现。重采样方法的表现由在良好拟合、一般的拟合和差的拟合参数值的选择频率确定。这些方法根据它们是进行10次迭代还是50次迭代来分组，以便直接比较两组中的每一组。

第一眼看到这个表，就会发现9种重采样方法的性能有明显的差异。例如，只看表中第二行的Boston SVM，可以发现这个模型性能差异很大：表现最好的方法（重复10次的5折交叉验证）在96.3%的时间里都选择到了好的拟合参数，而表现最差的（重复10次的Bootstrap法）只在43.3%的时间里选择了良好的拟合值。表中还显示了6种分类器中每个分类器的最佳表现（用**）和次佳表现（用*）。这是对10次迭代法和50次迭代法的分别说明。为了组织讨论，我们提出了6个研究问题。

（1）哪种重采样方法是总体表现最好的？在这4种10次迭代的方法中重复的k折交叉验证(重复5次的2折交叉验证)是表现最好的。在6种情况中，有4种表现最好。在50次迭代的方法中，重复的k折交叉验证（重复10次的5折交叉验证）再次表现出色，在6种情况中的5种中表现最好。在50次迭代的方法中，重复50次Bootstrap的方法在6种情况中的1种表现最好（使用大学数据集训练随机森林）。但在6种情况中的2种（使用波士顿数据集训练的SVM和使用大学数据集训练的SVM）中表现最差，这表明Bootstrap在性能上存在着明显的不一致现象（类似的模式也出现在10次迭代的方法中）。由于这个结果，在分类算法

表2　9种重采样方法的拟合分类结果

	10次迭代				50次迭代				
	蒙特卡罗10次	Bootstrap 10次	10折交叉验证	5折交叉验证2次	蒙特卡罗50次	Bootstrap 50次	50折交叉验证	10折交叉验证5次	5折交叉验证10次
Boston RF									
良好拟合	700	822	848*	883**	947	967	973	997*	999**
一般的拟合	235	164	130	99	52	33	25	3	1
差的拟合	65	14**	22	18*	1	0**	2	0**	0**
Boston SVM									
良好拟合	496	433	538*	648**	785	657	885	913*	963**
一般的拟合	252	232	255	195	113	96	76	54	23
差的拟合	252	335	207*	157**	102	247	39	33*	14**
College RF									
良好拟合	513*	646**	305	449	643*	817**	183	381	635
一般的拟合	346	294	473	421	305	180	571	521	345
差的拟合	141	60**	222	130*	52	3**	246	98	20*
College SVM									
良好拟合	716	497	876**	857*	827	402	833	910*	913**
一般的拟合	228	367	123	142	169	523	167	90	87
差的拟合	56	136	1**	1**	4	75	0**	0**	0**
Breast Cancer RF									
良好拟合	447*	426	346	458**	549*	423	234	335	605**
一般的拟合	316	371	362	335	330	371	400	436	292
差的拟合	237	203**	292	207*	121*	206	366	229	103**
Breaast Cancer SVM									
良好拟合	778	746	840*	905**	936	777	949	983*	996**
一般的拟合	216	254	155	93	64	223	51	17	4
差的拟合	6	0**	5	2*	0	0	0	0	0

** 最佳表现, * 次佳表现

的超参数调整中，不推荐使用Bootstrap法作为一般的重采样方法。

为了检查重采样方法和拟合分类之间关系的统计学意义，本文计算了皮尔逊卡方检验（Pearson's chi-square test）。这个统计检验比较了在某些类别中观察到的频率和你期望在这些类别中可能得到的频率。如果这个统计数字是显著的，那么这表明重采样方法和它的性能（即在重采样的过程中它会选择合适的，一般的和不合适的参数的频率）之间存在着显著的联系。卡方检验结果如表3所示。在观察卡方检验结果时，还有5个问题需要解决。

（2）将次数从10次增加到50次是否能提高性能？为了解决这个问题，我们进行了皮尔逊卡方检验，比较蒙特卡罗重采样法、Bootstrap法和重复的k折交叉验证法这些方法在迭代10次与迭代50次的性能。这些卡方检验在第1、2、3栏中给出。

不足为奇的是，如果增加蒙特卡罗重采样法和重复的k折交叉验证法的次数，就会导致性能显著提高：对于蒙特卡罗重采样法，卡方检验表明，所有6种类器的性能都有显著提高（第1栏）；同样，对于重复的k折交叉验证法来说，将重复次数从10个增加到50个（即重复2次的5折交叉验证法与重复10次的5折交叉验证法）也显著提高了所有6种情况下的性能（第3栏）。依赖这些结果我们可以推测增加重复次数意味

表3 用卡方检验，两两比较重采样方法结果									
	(1)	(2)	(3)	(4)	(5)	(6)	(7)	(8)	(9)
	蒙特卡罗 10次 vs 蒙特卡罗 50次	Bootstrap 10次 vs Bootstrap 50次	5折交叉验证 2次 vs 5折交叉验证 10次	10折交叉验证 vs 50折交叉验证	Bootstrap 10次 vs 10折交叉验证	Bootstrap 50次 vs 50折交叉验证	10折交叉验证 vs 5折交叉验证 2次	50折交叉验证 vs 5折交叉验证 10次	10折交叉验证 5次 vs 5折交叉验证 10次
Boston RF	223.3***	112.9***	121.2***	96.4***	6.1*	3.1	5.3	24.5***	0.3
Boston SVM	181.7***	115.7***	316.9***	296.2***	42.67***	187.3***	25.1***	43.5***	21.5***
College RF	58.2***	99.0***	120.1***	40.9***	257.11***	842.7***	54.6***	497.5***	150.8***
College SVM	61.8***	55.0***	16.0***	8.8*	359.15***	409.1***	1.6	28.9***	0.06
Breast Cancer RF	48.3***	0.03	58.2***	31.8***	24.40***	100.2***	31.1***	328.4***	153.9***
Breast Cancer SVM	103.1***	2.7	88.0***	64.2***	34.53***	125.1***	19.2***	41.3***	8.1**

*p<.05, **p<.01,***p<.00

着更好的验证集误差的估计。

对于Bootstrap法来说，从10次到50次，性能也有提高，但并不一致：在6个案例中，有3个案例的性能随着重复次数的增加而显著提高，而在第4个案例中，性能有改善，但并不显著（第2栏）。

（3）折次数对运行k折交叉验证法的性能有什么影响？折的数量从10个增加到50个并不总是能提高性能。事实上，在6个案例中，有3个案例的性能有所下降(在大学数据集上训练的随机森林、在大学数据集上训练的SVM和在乳腺癌诊断数据集上训练的随机森林），而且这些结果是显著的（第4栏）。这些结果表明，增加折的数量并不总是能产生更好的结果。最基本的结论是，增加折次数并不一定会提高性能。

（4）与k折交叉验证法相比，Bootstrap法的性能如何？在比较50次重复的Bootstrap法和50折交叉验证法的情况下，Bootstrap法在两种情况下表现明显更好，50折交叉验证法在3种情况下表现明显更好，在第6种情况下就更明显了（列6）。10次迭代的比较是类似的（列5）。基于这些结果，两种重采样方法的性能是混合的。因此不能对Bootstrap和k折交叉验证法之间的性能差异作出强有力的结论。

（5）与单次k折交叉验证法相比，重复k折交叉验证法的表现如何？为了解决这个问题，我们进行了两个比较。第一，在10次迭代方法的比较中，重复2次的5折交叉验证法总体上表现比10折交叉验证法更好。它的性能在6种情况中的4种情况下表现明显更好（第7栏）。在另外两种情况下，它仍然表现好，因为它要么是表现最好的（在波士顿数据集上训练的随机森林），要么是表现第二的（在大学数据集上训练的SVM）。但是这些表现与10折交叉验证法相比，差异并不显著。第二，在比较50次迭代的方法中，重复10次的5折交叉验证法明显优于50折交叉验证法在所有6种情况下（第8列）。卡方检验在所有6种情况下都有显著的p<.001。上述的统计分析有力地表明，重复的k折交叉验证法是一个强大而稳定的表现者。

（6）折叠大小是否影响重复的k折交叉验证法的性能？在讨论这个问题时，我们考虑了两种重复的k折交叉验证法：重复5次的10折交叉验证法和重复10次的5折交叉验证法。在所有6个案例中，重复10次的5折交叉验证法的表现更好，而且在6个案例的4个案例中，这种性能的改善是显著的（列9）。因此，建议在进行重复的k折交叉验证法时，在数据集为小到中等时（即1000个以下的数据集）使用5折而不是10折。

讨论与结论

这篇文章的主要贡献是，它系统地研究了4种重

关于作者

Robbie T. Nakatsu 美国加州洛杉矶洛约拉马利蒙特大学信息系统和商业分析系教授。研究兴趣包括数据科学、数据管理、机器学习、智能系统和计算机模拟建模。在加拿大不列颠哥伦比亚大学获得了管理信息系统的博士学位。联系方式：rnakatsu@lmu.edu。

采样方法——蒙特卡罗重采样、Bootstrap法、*k*折交叉验证法、重复的*k*折交叉验证法。并对这4种方法的9种变体进行了直接的比较和评估。就我们所知，目前只有少数研究做到了这一点。其中一项工作是由Molinaro等人进行的研究[10]，他们确实比较了重采样的方法。与本文一样，他们的研究是有意义的，因为他们对不同的方法进行了使用多种机器学习算法以及跨越不同的数据集的比较。然而，他们并没有广泛采用重复的*k*折交叉验证法。在4种重采样方法中，重复的*k*折交叉验证法整体表现最好。例如，他们没有进行基准方法比较，即评估迭代10次的方法和迭代50次的方法之间进行评估。事实上，蒙特卡罗重采样法、重复的*k*折交叉验证法和小范围的Bootstrap法在继续迭代次数越多（10次到50次）的情况下，效果越好。更多的迭代意味着更多的重采样，这可以产生更准确的误差估计。然而，这个结果并不有趣。重要的结果是，通过将机器学习算法的运行次数限制在50次，最好是使用5折并重复10次方法或10折并重复5次，而不是单次运行50折交叉验证法或50次蒙特卡罗方法。简而言之，使用重复的*k*折交叉验证法你可以得到“更大的收益”，也就是你可以更好地利用你的计算周期。

这些结果对其他分类算法和数据集的通用性如何？我们进行了第二项独立研究，看看同样的结果和结论是否会成立。这篇文章使用了两种不同的分类算法（即k-NN和基于rpart的决策树）在不同的数据集上。本文的“结果”部分阐述了研究结果证实的所有6个主要结论。C

参考文献

[1] F. Provost and T. Fawcett, *Data Science for Business*. Sebastopol, CA, USA: O'Reilly Media Inc., 2013,Art. no. 111.

[2] G. James, D. Witten., T. Hastie, and R. Tibshirani, *AnIntroduction to Statistical Learning With Applicationsin R*. New York, NY, USA: Springer, 2013.

[3] B. Efron and R. Tibshirani, "Improvements on crossvalidation:The 632t bootstrap method," *J. Amer.Statist. Assoc.*, vol. 92, no. 438, pp. 548–560, 1997.

[4] M. Stone, "Cross-validatory choice and assessment of statistical predictions," *Proc. J. R. Statist. Soc. BMethodol.*, vol. 36, pp. 111–147, 1974.

[5] S. Geisser, "The predictive sample reuse method withapplications," *J. Amer. Statist. Assoc.*, vol. 70, no. 350,pp. 320–328, 1975.

[6] D. Harrison and D. L. Rubinfeld, "Hedonic housingprices and the demand for clean air," *J. Environ. Econ.Manage.*, vol. 5, pp. 81–102, 1978.

[7] O. L. Mangasarian, W. NStreet, andW. H.Wolberg, "Breastcancer diagnosis and prognosis via linear programming,"*Operations Res.*, vol. 43, no. 4, pp. 570–577, 1995.

[8] L. Breiman, "Random forests," *Mach. Learn.*, vol. 45,no. 5, pp. 5–32, 2001.

[9] K. P. Bennett and C. Campbell, "Support vectormachines: Hype or hallelujah?" *SIGKDD Explorations*,vol. 2, no. 2, pp. 1–13, 2000.

[10] A. M. Molinaro, R. Simon, and R. M. Pfeiffer, "Predictionerror estimation: A comparison of resamplingmethods," *Bioinformatics*, vol. 21, no. 15, pp. 3301–3307, Aug. 2005

（本文内容来自IEEE Intelligent Systems, May–Jun. 2021） Intelligent Systems

iCANX 人物

遇见科研、体育、创新三栖明星——专访 Prineha Narang

文 | 王卉　于存

浓郁的金色头发梳得优雅端庄，深褐色的皮肤透着健康的光泽，完美的魔鬼身材被合体的淡蓝色套裙包裹着，深邃的眼眸中闪着自信的光芒，仿佛是好莱坞大片中走出的耀眼女星，这是Prineha Narang在iCANX Talks专家讲座海报出现时留给大众的第一印象。作为哈佛大学约翰•保尔森工程与应用科学学院的助理教授，她颠覆了很多人心中对知识女性固有的认知。学术上，年轻的她头上顶着许多荣誉和光环，比如她获得了2020年美国国家科学基金会职业奖，被戈登和贝蒂•摩尔基金会评为摩尔发明家学者，加拿大高级研究员CIFAR Azrieli全球学者，麻省理工学院技术评论（MIT TR35）的青年创新者等。生活中，她因热衷于铁人三项赛而圈粉无数，并且还喜欢动物，饲养了三只狗狗。她创立的高科技公司Aliro Quantum目前员工已经超过50人并还在蓬勃发展。今天，您将看到更加真实、立体、生动的女性科学家形象，希望Prineha Narang的故事能够引发我们对于当下新的思考，赋予我们积极的正能量。正如世界上没有两片相同的树叶，我们的人生虽大可不必相同，但精神的愉悦、心灵的满足、身体的健康、事业的成功、自我价值的实现却是我们追求的共识。

图1　Prineha Narang

纳米新星，探究材料奥秘

自20世纪80年代纳米科学问世以来，学术界的主要研究方向是平衡态或近似平衡态下的纳米结构，然而大多数材料与平衡态之间还存在较大的差距，换句话说它们处于所谓的激发态，对此Prineha表示如果你用激光去激发它，可能会产生一些热效应，而我们要做的是即使离开了基态，你看到的仍是同一个系统，但它的作用完全不同。Prineha表示，今年学术界会围绕该问题召开一系列线上研讨会，2022年她将主持一个材料与平衡态主题相关的会议来详细讨论。

谈到六方氮化硼这种纳米材料，便不得不提到Prineha的另一项成果。Prineha曾与斯坦福大学、悉尼科技大学合作共同研究该材料，该材料的优势在于易于使用，但它有一个缺点，它以不同色调的彩虹发光，为了克服这一问题，Prineha和团队共同开发了一种新型理论，通过考虑材料中的光、电子和热相互作用来预测缺陷的颜色。

美国研究人员曾试图对二维材料中的混乱无序进行量化，以打造性能更好的量子、光学和电子器件。下一波的量子、光学和电子器件将由功能强大的二维材料构建。但是二维材料暴露在自然环境中，易受到附近材料或空气中化学物质的外部交互影响。Prineha认为由于这些交互影响能够改变系统的原子排列，因此可以对其进行定量分析，以期充分了解这些材料的性质和潜力。

让科研成果加速走出实验室

从实验室到市场，Prineha华丽转身，真正做到了将纳米高端科技实现转化。谈到为什么建立Aliro Quantum公司时，Prineha表示当时团队里的一些成员希望让技术走出实验室。从理论到实践，从科研到产品，Prineha这一路思考了很多问题，比如要成立一个什么样的公司？怎么才能更快、更好地建立公司？事实证明她的选择是对的，现在公司已由初创时的20余人发展到近60人，同时公司的效益也在增长。Prineha表示这种感觉和经历与做学者完全不同，而且她非常享受这两种身份之间的随意切换。

根据全球量子计算软件领域初创公司的数据统计，在美国为数不多的知名量子计算初创公司中，Aliro Quantum公司便位列其中。谈到公司创立的目标，Prineha表示希望能够消除QC体系结构带来的技术障碍，这样程序员就可以用自己的编程语言编写算法，并将他们的问题无缝地运行在各种不同的量子计算机上。

2021年3月31日，据《量子日报》(*The Quantum Daily*)报道，Aliro Quantum公司已和美国国家科学基金会(NSF)混合量子架构与网络量子飞跃挑战研究所(Hybrid Quantum Architectures and Networks, HQAN)进行合作，共同构建分布式量子网络的基础技术，她期待Aliro Quantum公司能够在量子技术上创造更多可能。

内向沉静与活力四射的完美结合

在iCANX Talks直播中，Prineha说话的语速很快，而且身体语言非常丰富，总是能够带给人活力四射、活泼外向的感觉，但是Prineha表示她过去曾是一个内向的人，也遇到过比如不知道如何融入群体环境，如何与别人进行互动这样的问题。但是后来，她逐渐克服了障碍。现在的她热爱运动、积极生活，对新鲜事物充满热情，但骨子里仍然保留着沉稳和坚定，她总是能够静下心来专注做好每一件事。Prineha一直以来就非常喜欢解构事物、分析问题溯源，不满足于停在事物表面，而好奇于事物真正的工作状态。对于“糖果店”一词，Prineha是这么解释的，她说自己在读本科时，加入了一个研究课题组，这种感觉就如同进去了糖果店一般，在这里大家可以提出任何问题，甚至是目前无法得到答案的问题，但是这些问题都是非常有价值的，会对未来产生重大的影响。

2018年，Prineha入选世界经济论坛青年科学家榜单，该奖主要表彰年龄在40岁以下对推动科学发展前沿作出杰出贡献的研究人员。Prineha曾表示，世界经济论坛为科学家提供了一个非常好的沟通平台。最令她难忘的是在这里能够与各国杰出科学家“零距离”接触，可以就任何科学问题进行提问，大家互相交流、讨论，受益良多。

科学玫瑰，光耀世界

随着时代的发展，越来越多的女性彰显出了巾帼不让须眉的实力，谱写了科学进步的华丽篇章，在谈到女性科学家搞科学研究的优劣势时，Prineha表示，当前科学更具有包容性，越来越多的女性融入到科研这个大环境中，美国国家科学院针对如何鼓励女性留在学术界的问题作了许多研究并发表了一系列相关文章，这是非常好的。

当问及心目中最崇拜的女性偶像时，Prineha说最令她崇拜的是Frances H.Arnold。Frances H.Arnol是世界上第五位获得诺贝尔化学奖的女性科学家，她是加州理工学院化学工程、生物工程和生物化学教授，因其在酶（一种催化化学反应的蛋白质）的定向进化方面的工作而赢得该奖项。Prineha回忆说，当她在加州理工学院读研究生时，在校园里经常能看到Frances H.Arnold教授充满活力的身影，那时她还未获得诺贝尔化学奖，但她充满智慧的演讲和活力四射的人格魅力给了自己极大的鼓励与力量。

Prineha的另一位女性偶像是Julia R. Greer。Julia R. Greer教授是加州理工学院材料科学、力学和医学工程教授，美国国家安全科学与工程学院会士，美国国家工程院讲师，曾荣获美国材料研究学会早期职业奖，世界经济论坛（2014）全球青年领袖奖等一系列荣誉。Prineha表示Julia R. Greer教授吸引她的地方在于，她总是能够平衡好工作和生活，在管理好自己庞大的科研团队并取得一系列令人赞叹的学术成果的同时，还能够非常好地照顾孩子，经营家庭。

Prineha结合自身经历鼓励女性青年学者不要被偏见所扰，一定要敢于发声，不要坐在房间的后面，不敢举手发问，羞于张口，而是要“走出去”，坐在桌前，面对面地提问，要大胆介绍自己的学术成果，多多与人沟通、交流，建立学术联系。在敢于发问的同时要勤于发问，因为当你能够提出问题时你离正确答案的距离便又近了一步。尤其是向资深的科学家提问和请教，因为丰富的阅历也是财富，能够增长认知与智慧，年轻学者可以在交流中从资深专家那里获得有益的建议与帮助。

痴迷铁人三项运动的科学家

当我们在不断了解、不断挖掘学术界顶尖科学家生活的普遍共性时，我们会不自觉地发现，这些优秀科学家不仅学术做得好，同时还多才多艺，爱好广泛。

世界纳米激光领域的领军人之一、白光激光的发明者宁存政喜欢打篮球，英国皇家工程院院士李琳喜欢竹笛和二胡，瑞典皇家工程学院最年轻的正教授，现任西湖大学副校长仇旻喜欢跑马拉松等。Prineha最喜欢的是铁人三项运动，她给自己制定了严格的训练计划，每天固定时间游泳与跑步，定期训练自行车，还经常把自己的训练情况公布在脸书上，获得了世界各地铁人三项赛爱好者和许多青年学者的关注。她说自己已经连续五年参加了铁人三项比赛，今年年底她还将参加另外两场比赛，目前处于紧张的训练模式，我们期待她能够取得优异的成绩。当然除了运动外，Prineha的另一个爱好就是养狗，现在她的家里养了三只狗。

Prineha是当代青年科研女性的缩影，在她身上我们可以看到女性在科研道路上勇往直前的坚韧，能够感受女性实现自我价值的坚定与执着。国学大师汪国真《热爱生命》诗中有一句话：既然选择了远方，便只顾风雨兼程。每个人都曾怀有梦想，都曾奋斗、努力、拼搏过，或成功或失败，或大获全胜，或一蹶不振。坚强的定义不是一直要强，而是经历了雨打风吹、千疮百孔后，仍然对生活抱有信心。做一个幸福的人，对生活充满信心，对周围人充满善意，对未来充满期待，对梦想常怀敬畏，对工作保持热情，对困难从不畏惧......年龄虽在增长，但是我们的心却更能经历风霜。愿此时此刻正在读文章的你都是乘风破浪的姐姐，都是披荆斩棘的哥哥。

所有开挂的人生，都是厚积薄发
——专访纳米发电机之父王中林

文 | 王卉　于存

2018年10月，罗马，中国科学院北京纳米能源与系统研究所所长王中林院士荣获被誉为世界能源领域“诺贝尔奖”的埃尼奖。这是华人科学家首次获奖，但这只是王中林院士众多国际大奖中的一项。2019年爱因斯坦世界科学奖、2015年汤森路透引文桂冠奖、2014年美国物理学会James C.McGroddy新材料奖和2011年美国材料学会奖章（MRS Medal）……王中林，这个闪光的名字，是各类国际大奖的常客。

王中林院士，中国科学院北京纳米能源与系统研究所所长，科思技术研究院（温州）院长，美国佐治亚理工学院终身校董事讲席教授。他是中科院外籍院士、欧洲科学院院士、加拿大工程院外籍院士，国际纳米能源领域著名刊物*Nano Energy*的创刊主编和现任主编。作为纳米能源研究领域的奠基人，他发明了压电纳米发电机和摩擦纳米发电机，首次提出了自驱动系统和蓝色能源的概念。他开创了压电电子学和压电光电子学两大学科，引领了第三代半导体纳米材料的研究。他的主要研究方向包括纳米能源器件、量子电子器件、主动式微纳传感器、自驱动纳米器件与系统，并探索其在新时代能源、传感器网络和人机交互等领域的应用。

图1　王中林院士

王中林院士的传奇人生绝不仅限于此……

打造纳米帝国，创造多个“第一”

谈起王中林院士一手打造的纳米帝国，其成果可是不胜枚举。从首次提出纳米能源技术和自驱动纳米系统技术，开创摩擦纳米发电机理论及应用领域到创立压电电子学和压电光电子学两个新学科，引领第三代半导体纳米材料的研究和穿透式显微镜中的原位测量技术等，可以说，这一系列成果对于纳米领域的发展都具有里程碑式的意义。

他发明的纳米发电机，能够在纳米尺度范围内将机械能转化为电能，是世界上最小的发电机。

他设计的可以称出单个病毒质量的“纳米秤”，被称为“世界上最小的秤”，曾被美国物理学会评为纳米科技领域的重大进展之一。

继“纳米秤”后，他提出用氧化锌合成纳米材料，使用高温固体气相法，成功利用金属氧化物合成了10~15纳米厚、30~300纳米宽的带状结构，俗称“纳米带”。

他提出的“self-power”（自驱动）概念，不依靠电池等储能器件，让电子产品直接从环境中收集能量。基于氧化锌这种压电效应，最终构成了一个全新的纳米器件——摩擦纳米发电机。他表示，小型的摩擦纳米发电机能够把人走路、说话等各种由摩擦产生的能量收集起来并转换成电能。

如今，王中林院士已经在纳米领域研究了30余年，一手打造的纳米帝国正在以飞速的发展改写着世界纳米领域的历史。

图2　意大利总统马塔雷拉为王中林院士颁发埃尼奖奖章

蓝色能源梦，助力中国梦

海洋是地球生命的母亲，孕育了人类，同时也蕴藏着巨大的能量。如何利用这一资源为人类造福，并且还不对大气产生任何污染，这是科学家亟待解决的难题。王中林院士团队发明并设计了一款基于摩擦发电原理的球状发电机，它由一个空心壳层和一个内部球体组成，可以漂浮在海洋上。随着海浪的冲击，壳层与内部球体发生相对位移与摩擦，从而产生电流。如果将数以千计的摩擦发电机连接成网络，那么其产生的电能将非常可观。此外，它在能量收集方面具有普适性，能够收集各种来源的能量，如人体运动的动能、机械振动、风能、潮汐能、水波能等。由于摩擦纳米发电机制作材料价格低廉，所以可大规模被使用。目前，“蓝色能源”还处于实验室早期研发阶段，还有许多关键的技术问题有待解决。但是不可否认的是，未来“蓝色能源”将有望超过“绿色能源”，进而改变整个世界的能源发展格局。

科研就是我的生活，是我快乐的源泉

英国科学家牛顿曾经说过，如果我看得远，是因为我站在巨人的肩膀上。在美国亚利桑那州立大学物理系攻读博士学位的这段经历，王中林院士格外珍视。王院士说，当时自己误打误撞碰到了导师John Maxwell Cowley教授，那时他还不知道，Cowley教授是高分辨电子显微学的鼻祖，也是这次不经意间的选择，开启了他的学术生涯。Cowley教授虽然年逾古稀，但是依然活跃在科研一线。在老师的帮助下，他广交领域“大牛”，虚心学习，但同时在他的心中也萌生了一个想法，那就是要成为一名卓越的科学家。有了这个目标，他便一头扎进实验室，搞研究，分析数据。

热爱科学，崇尚科学是Cowley教授传授给他的第一件制胜法宝。爱因斯坦说，提出一个问题往往比解决一个问题更重要，因为解决问题也许仅仅是一个教学上或实验上的技能。而提出新问题，或者从新的角度去看旧问题，则不仅需要良好的知识储备和科研经验，更需要有创造力和探索精神。正是兼备这些品质，王中林院士才真正找到了前行的光，坚定了脚下的路，这是他的信念支撑，看似虚无缥缈，但却实实在在，因为眼所未及之处，皆在心中。

始终冲在科研一线是Cowley教授传授给他的第二件制胜法宝。令王中林院士感到惊讶的是，当时已经年逾古稀的Cowley教授每周日都会来实验室亲自做实验，有一次他正好想利用这个机会向教授请教一些问题，但是Cowley教授却婉言拒绝了他，理由是Cowley教授要利用周末的这段时间自己安心做实验，不被外界打扰。正是这一经历给了王中林院士极大的启发，他励志将来自己也要像Cowley教授一样，始终保持谦逊严谨、兢兢业业的工作作风，始终坚守在科研一线，发现问题、解决问题，坚守科学工作者的初心。

2019年，他在接受新华社采访时，曾说：我热爱科研，享受科研，几乎无时无刻不想着研究。学生说我不会享受生活，我反问他，生活的定义是什么？科研就是我的生活，是我快乐的源泉。

荆棘重生，凤凰涅槃

《真心英雄》歌曲中有这样一句歌词：不经历风雨怎么见彩虹，没有人能随随便便成功。在通往成功这条路上，注定是艰难险阻，荆棘重生。

2008~2009年对于王院士来说，意义非凡。彼时他正在美国佐治亚理工学院“武装仓鼠”，将氧化锌导线压缩封装在聚合物基底中，导线的两端用电刷固定，在导线的一端接上肖特基屏障二极管，将四个单线发电机合并后绑在仓鼠身上，如此一来，仓鼠一旦产生动能便能产生少量的交流电电流，实际上就是为了证明无规则机械运动能产生能量。

实验结果很好，全世界第一个纳米发电机问世了！他很快就整理出一篇论文并在期刊上发表了，论文立即在学术界引起了震动：很多人欢呼纳米发电机的问世，但同时也有不少人对纳米发电提出质疑，王中林教授深陷学术争论的漩涡。更加令王中林院士出乎意料的是，有一天他突然接到美国佐治亚理工学院动物管理委员会的电话，让他提供使用仓鼠做实验的申请书并要求将已经发表的论文进行撤稿。这时，面对本就存在的外部质疑环境，加之此事的影响，王院士径直走到副校长办公室，坦坦荡荡地说：没有提前申请用仓鼠做实验并拿到相应的申请书确实是我的工作疏忽，但是让我撤稿是绝对不可能的，我相信我的实验数据，如果学校坚持让我撤稿，那您就开除我吧。

不止于此，他没有回避外界的质疑，而是直接拿出详实的实验数据撰文对质疑者的问题进行逐一反驳，此后他更是十年如一日地坚守在这个领域做出了更多研究成果，而且有更多其他团队加入这一新的研究领域，事实胜于雄辩，在越来越多的实验验证面前，质疑者的声音逐渐销声匿迹、一去不复返。

王中林院士像讲笑话一样谈及此事。但是不可否认的是，当时他所面临的巨大压力我们难以想象。这不禁让我们想起了《曾国藩传》中的一句话：成功的路上并不拥挤，因为坚持的人不多。如果没有当初的坚持，也许就没有后来的“自驱动”、蓝色能源，更没有今天的王中林。

千里走单骑，好学近乎知

当王中林院士被问及对年轻科研工作者有什么建议或忠告时，他给出以下几点：

首先要热爱科学，愿意探索新鲜事物，对万事常怀好奇心。习近平主席在科学家座谈会上多次提到“好奇心”并指出：“科学研究特别是基础研究的出发点往往是科学家探究自然奥秘的好奇心。”由此可以看出好奇心是科学研究的原动力、是触发科学家创造创新性思维的机关。

其次搞科研要有一种“众人皆醉我独醒”的意识，在科研成果刚产生时，有时你会听到来自学界各种质疑的声音，这个时候一定要对自己、对成果有信心，不要被别人的思想所左右。若干年前王院士开辟了一个全新的研究领域，当时反对声和质疑声不绝如缕。但是王院士始终坚定不移，最终在该领域取得了一系列学术成果，并且也得到了国际同行的认可。所以，搞学术一定要有“千里走单骑”的勇气与魄力。

“不管你信不信，我就一直干”是王中林院士说过的一句话，在他眼中，兴趣是最好的灯塔，能够给你方向，正因如此他在教导学生时，告诫学生，如果这是你所感兴趣的方向，我非常欢迎，但如果你并不感兴趣，那也不要在此浪费时间，去做自己真正喜欢的事。因为如果一直做自己认为没有意义的事情，永远都不会有成果。

另外，作为一名科学家绝不能蹭热度，要研究对人类具有重大意义的课题，要让你的工作能够被写进书中，写进教材中，写进人类科技文明进步的历史中，这样你的工作就是有意义的。

在纳米研究这条路上，王院士始终十年如一日。如今的王院士已经是世界上终身科学影响力排名第5位的科学家，可他依旧不骄不躁。他既是天马行空的“拼命十三郎”，也是脚踏实地的“愚公”。

结语

在谈及王院士对纳米技术未来的期待时，他表示，未来中国在各行各业都会有突飞猛进的发展，对此他充满信心。他将一如既往地在纳米道路上前行，为国家培养一批又一批高端储备人才，让自己领导的团队不断突破极限，再攀高峰。

对待纳米技术的研究，王中林院士饱含热情，不断创造着一个又一个奇迹，书写着一篇又一篇华丽的科学篇章，在世界纳米领域发出响亮的中国之声。

未来科学家

音乐是她的“语言”，乐观是她的哲学，科学是她的信仰 Miso Kim：我为微笑代言

文 | Michael

在韩国成均馆大学先进材料科学与工程学院，有这样一位教授，提起她的名字，几乎人人熟悉。

她不仅有着过硬的科研能力，还是位精通小提琴、钢琴的专业艺术家，常常受邀有偿登台演出。

图1　Miso Kim

她的一双眼睛笑起来像月牙，笑容温暖亲切。时尚干练的妆容与穿搭，令她在学校众多教授中气质出众。

她有着超群的观察思考能力，面临逆境从不放弃、妥协。她用快乐定义自己，全心全意享受科研工作带给她的乐趣。

她，就是名字被中国朋友亲切地翻译为“金微笑”的Miso Kim。

搞科研也可以有颜又有才

谈到科学家、科研工作者，出现在人们脑中的第一印象是什么？是一板一眼的工作状态、千篇一律的白大褂，还是整日戴着一副大框眼镜翻看学术报告？在Miso Kim和许许多多青年科学家身上，或许人们很难找到这些“痕迹”。

疫情期间，记者与来自韩国的Miso Kim通过Zoom进行视讯采访。到了约定时间，她身在大学办公室接通了视频邀请，整个人神清气爽，能量十足，桌面、书柜、窗台上的物品整齐摆放，这就是她每天工作的环境。

Miso Kim于2021年2月加入成均馆大学工程学院，担任教员。她在麻省理工学院（MIT）获得材料科学与工程硕士（2007年）和博士（2012年）学位。

取得博士学位后，Miso Kim一直潜心于KRISS从事研究工作，她的主要研究方向包括用于能量收集和传感的压电材料和智能结构（包括机械超材料）的建模分析、设计和实验表征。她曾主持多个韩国政府资助的研究项目，其中包括每年两百万美元资助额度的项目——“开发用于物联网的高效能源聚集和采集系统”。

一番自我介绍后，她的履历足以令人十分惊叹。然而，她留给记者的惊喜还不止如此。

图2

她是最会弹琴的科学家

“我5岁就开始学钢琴、小提琴了。”当被问道平日里会做些什么时，Miso Kim如此回答。更令人想不到的是，弹钢琴、拉小提琴对她来说，已经不仅仅是业余爱好。“可以说我是一位小提琴和钢琴演奏家。为什么？很简单，当大家判断一个人是业余演奏还是专业演奏时，就要看他表演是否有酬劳，而找我表演演奏，是要支付酬劳的。”Miso Kim自信地说。

而Miso Kim的科研工作能取得如今的成就，也与她音乐家的身份分不开。“音乐和科研的关系，就像我的左膀右臂，互不可分，它们彼此激发灵感。”Miso Kim说，随着科研经历的不断累积，音乐越来越成为她生活不可缺少的一部分，让她发现跟他人合作的乐趣。

“我喜欢在团队中和别人一起演奏，在这个过程中，可以和大家一起放松下来，分享情绪的变化、感受美妙瞬间，这一点也能反射到我的研究上，比如当我和别人在某一话题上一起研究时，那种细微的感受与灵感交流，是很重要的。”她说。

例如，在演奏中如果想和别人一起合作好一首曲目，需要演奏者有极强的沟通能力，有可能是通过“呼吸”来分辨大家的节奏，“因为演奏时我们都手握乐器，我们需要给别人发射‘信号’。不论是呼吸、还是眨眼的频率，或者身体微小的动作语言，我们只有沟通，才知道我们的目标，找到一种适合大家的节奏。”她说，这也正如科研工作一样，需要随时和大家保持良好沟通，从而照顾到每个人的进度，找到一致的节奏。

虽然最近因为科研工作，较少登台演出，但她有时间还是会拿起乐器，弹奏一些和弦，让自己有片刻回归到音乐的状态当中。

在工作上“受伤”要用工作来治愈

尽管在科研工作中常常会经历失败，或是有巨大压力，Miso Kim从没有逃避过。她说，当自己遇到真正的难题了，她从没想过逃避或是搁置，而是坚持回到问题本身。

“当你遇到一些新的话题或者领域，很自然地会感受到有巨大的压力和陌生感袭来。有时我觉得很孤单、无助。如果我是学生可以跟导师求助，或是跟同学们抱怨吐槽。但是我已经是一个独立的研究人员，是一名教师了，我必须扛起来，我需要表现得很自信，即便有时候事实并非如此。”Miso Kim说。

每当有这种感受，Miso Kim就会试着去阅读学术文章。“很多人觉得我懂得弹琴，可能会借助音乐疏解压力，但那并不是好的办法，工作上的挫折，只有通过回到工作中才可以解决。”她说，自己会尝试做一些笔记，组织下想法，分析问题出现的原因，想想这些不好的状态和情绪来自于哪？如果这个问题有答案，那就解决掉。如果没有答案，那就通过阅读、写作让自己“冷静”下来。

在科研这条路上她要自己掌握“遥控器”

或许是年轻人特有的那股热情，驱使Miso Kim在科研这条路上始终保持着对“未知”的探索欲望。她说，自己想要探索那些没人敢做过的课题。

“现在，在我这个领域许多研究已经不是初期，它们有很多理论基础以及经济支撑了，所以我更想要去研究新领域，从起步阶段慢慢成长起来。”Miso Kim表示。她还建议当太多的人在关注那些可以看到经济利益的研究时，作为青年科学家要有更全面的视角。

“例如美国等国家在研发疫苗时的技术都是经过多年累积的。有一位麻省理工的教授，现在在业界很知名，当他很多年前开始研究mRNA的疫苗时，很多人不理解他为什么要研究这个，结果最终就派上了用场。人们很难预知未来会发生什么，所以说，我们不仅要有能取得收益的研究，更要注意那些需要长期推进的研究。”她说。

她呼吁更多女性加入科研的行列

在采访中，Miso Kim人如其名，始终面带微笑，她也说，自己享受科研过程带来的快乐，哪怕是提交了一篇论文，或是在某个学术场合认识了新朋友。她也希望和更多女性一起分享科研的快乐。

在她所的学校，从事科研工作的女性寥寥无几，当人们担心她会因性别受到任何形式的另眼相待或非议时，她却说，女性科学家的身份不但没有给她带去困扰，反而成为了“锦上添花”。

“首先，跟我一批进入学校的同事有几十位，只有我被别人一下子就记住了，我认为这是我的优势。其次，大家并没有对女性教授、科学家存在偏见，反而一直在发掘潜在的优秀女性，我是材料工程学系30年来第一位女性教授，我觉得这也证明了我的实力。此外，我和同事们在一起工作，大家不会首先考虑性别，只在乎大家是否够努力，工作是否做到位了。”她说。

在很多人看来，女性科学家会承受更多的压力、孤单，但Miso Kim认为已经是时候推翻这种想法了。“我再举个例子，大家在阅读那些文献时，谁会去关注作者是男还是女呢？这样看来，我认为科学这个领域对待男女是很公平的。”她说。

不过，在世界上，各行各业的职场中，不可否认关于性别的偏见仍旧存在，对此Miso Kim也有所体会。她说，自己身为女性科学家受到了关注，因此是有使命的，“首先要让大家了解科学家、科研工作者，我们不仅仅会数学等学科知识，在写论文时，需要有很强的写作能力，还要掌握熟练的英语和绘图、制表能力。”其次，她还呼吁更多有能力的优秀女性加入到科研行列中，告诉大众，男性和女性是具有同样的科研实力的。

千缕思，一箪食，懂业务，爱生活

陶立："孜孜不倦"地追求工作和生活

文 | Michael

"Winners never quit, and quitters never win"（锲而不舍，方知始终）这是国家青年特聘专家东南大学材料科学与工程学院教授陶立经常用来鼓励自己的话。在别人眼中，他是个纳新传承和谆谆善诱的导师，而他却选择用"孜孜不倦"来总结自己。他说可能因为自己是个白羊座，对科研工作充满精力，不怕艰难困苦，敢于探索茫茫的未知。

在许多青年科研工作者身上能找到相似的态度或习惯，比如"努力"、"坚持"。为何这么说？了解一下陶立的求学和科研经历便可窥见一斑。

陶立2004年本科毕业于东南大学，2010年博士毕业于美国得克萨斯大学达拉斯分校后进入美国得克萨斯大学奥斯汀微电子研究中心进行博士后研究，2012年升任研究员。2016年入选国家人才计划，2018年荣获国际微系统及纳米工程青年科学家奖，2019年入选江苏省双创人才。他的主要研究领域包括微纳精细制备、二维半导体材料与器件、微系统及纳米技术在大健康和物联网上的交叉应用。作为第一作者或通讯作者，在*Nature Nanotechnology*，*Chemical Society Reviews*，*Advanced Functional Materials*, *ACS Nano*等发表SCI论文50余篇，WoS引用3700次（一作单篇最高引用超千次，7篇ESI高被引论文）。他应邀在著名国际会议（例如MRS、IEEE、APS等）作邀请报告十余次，并担任许多学术或专业职务，Science第一个合作期刊*Research*副编辑，*Microelectronic Engineering/Micro-Nano Engineering*区域编辑，IEEE NTC 常务委员，IEEE NMDC 2020和2022大会主席，国际三束及纳米制备技术会议（EIPBN）常务委员，中国材料学

图1

会青委会理事，江苏省复合材料学会青委会理事等。主持国家和省部级科研项目5项。

如此丰富的经历，对于普通大众来说只有一句“不明觉历”可以形容。最近，记者与他取得在线联系进行专访，走近他的生活、了解他的故事。

“独上高楼，望尽天涯路”的情怀和“科技兴国”的使命感

在大众眼中，选择科研工作就意味着每日都要与未知相伴，付出很多，最终的收获却难预计。陶立十分认同这样的观点，他说，科研不是变魔术，没有设计好的套路流程设计，而是充满了未知和挑战，失败和迷茫。所以要想成为真正优秀的科研人，最重要的品质就是“百折不挠”。

或许这也在他的经历中有所体现。2010年，博士毕业后的他在得克萨斯大学奥斯汀的微电子研究中心进行博士后研究，短短两年后升任正式研究员。当时的他已经在海外有了稳定的科研工作，试想回国后需要一切重新开始，前路未知。但在国家的感召之下，陶立毫不犹豫地选择了母校东南大学，回到曾经培养自己的材料科学与工程学院，希望能够通过反哺来注入新的科研活力。他说，驱使他坚持科研工作以及回国任教的，是那份“独上高楼，望尽天涯路”的个人情怀和“科技兴国”的使命感。

得益于国内外学习研究过程中的历练，陶立认为做研究不能循规蹈矩，而要传承纳新。在美国时，他研究的是微纳技术对二维半导体材料、柔性电子和生物医学上的革新。回国以后，结合当下趋势和之前研究基础，他决定开拓一些与物联网和大健康相关的“新边疆”。

“纳新很关键，但不能盲目跟风，考世系、知终始”陶立说，传承纳新既要有诗和远方那样长远的眼光，又要脚踏实地专注于有自己特色的传承工作。因此，就目前世界科学发展趋势来看，共同的趋势是大团队合作与大学科交叉（比如柔性脑机接口，微电子与生物医学交叉）。这就需要各国之间以技术内涵为共同追求，各有专攻、衔接配合；充分利用5G时代网络优势，开放共享；摒弃政治、文化、宗教等因素，求同存异。而我国科学技术在取得了长足进步后，需要面向人类社会面临的重大需求和挑战，做有中国特色的科研。

图2

敢想敢做的同时兼容并包不骄不躁

“我感兴趣的半导体技术目前正向低功耗、多功能、柔性化发展。我们近两年在柔性半导体材料及功能器件上做出了突破。比如，一至几个原子层薄的硅烯晶体管，有望将现有的手机和电脑芯片在将来植入衣物或生物体。还有基于耐热全光谱发光氮化硼量子

点的柔性显示屏，正符合半导体领域‘光电结合’的新趋势。”在采访中，谈到自己的科研工作，陶立用清晰简洁的语言这样介绍。

学科交融、突破，这是陶立选择的科研理念，也符合他对青年科研人“人设”的描述：青年科研人需要敢想敢做，学术上敢于创新。同时，要懂得兼容并包，善于和各行各业的人进行合作，要牢记不骄不躁，保持敬畏，虚心学习。

在科研和教学工作中，他认为老师应该充分激发学生对学术和专业的兴趣，并敦促学生要重视动手能力，不能做纸上谈兵的赵括。在学习、研究中，他告诉学生要做好充足的准备，既要善于提出并分析问题，也要积极从文献中汲取经验和教训，寻找可能的解决方法。

作为一名青年科研人，陶立不仅业务过硬，还有着丰富的生活爱好。例如，他时常会带着课题组进行团建活动，乒乓球、羽毛球、郊游等。即使在工作特别繁忙的情况下，他也会利用午休时间进行运动。平时他会选择Body Combat 或 1000 米蛙泳这样的有氧运动，既可以放松大脑又可以锻炼身体。他说，运动过后会感觉工作的时候精力更集中。

此外，他还喜欢与学生们一起玩桌游。在他看来，作为青年科研人员在忙业务之余，懂生活、会生活也是必不可少的。“这是时代发展的必然和需要。科研人也是芸芸众生的一分子，可能会喜欢玩音乐、跳街舞、剧本杀，有亲和力才能引导更多的人关注、接近甚至投身科学。”陶立说。

图3